ディジタル通信システム工学 講義ノート

博士（工学） 工藤栄亮 著

コロナ社

ま　え　が　き

　いまや通信ネットワークは生活に必要不可欠な社会インフラの一つであり，通信ネットワーク技術者に対する産業界からの需要は高い。そのような技術者を目指す学生にとって通信システム工学は必要な専門科目である。著者はこれまで10年以上にわたり，地方の私立大学の工学部において，通信システム工学を教えている。

　18歳人口の減少もあり，大学入学者の学力は多様化している。携帯電話やタブレットが身近な存在であることから通信ネットワーク技術者を志したものの，三角関数や微分積分に精通していない学生も多く，ノートをとる習慣が身についていない学生すら少なからず存在している。さらには，学部1，2年の頃に学ぶ数学系の科目に対し，将来通信システム工学を学ぶ際に必要になることを理解できぬまま挫折してしまう学生も少なくない。

　近年の通信ネットワークの進化は激しい。通信システムに関する書籍は多数あり，カラー刷りの書や，平易な表現の書もあるものの，単に用語の理解にとどまってしまっては将来技術者として活躍するためには不十分である。一方，理論的に正確に書かれた書籍は，学習習慣が身についていない学生にとって，独学で読みこなすのは容易ではない。

　本書は工学部系の大学学部学生を対象として，前述のように多様な学生に対しても学習効果が得られるような教科書を目指している。本書の特徴は以下の3点である。① 初学者の段階で数学系の科目への興味を失わないよう，大学初等教育で学修する数学系の科目が通信システムを学ぶうえでどのように関連するかを学ぶ章を設けた（著者の所属している大学では学部1年生向けに通信工学入門という講義を開講しており，本章はこのテキストとなっている）。② 本文の記述中に空欄を設け，講義を聞きながら，その空欄を自ら埋めていく作業を読者に課している。手を動かすことにより知識の定着をはかるだけでなく，読者が本書に積極的に書き込みを入れることにより，読者にとってオリジナルなノートとなることを目指している。③ 通信ネットワークが今後進化しても，基礎となる理論を修得できるよう配慮するとともに，幅広い技術を平易に解説することを心掛けた。なお，本書空欄の解答はコロナ社の本書書籍詳細ページ（https://www.coronasha.co.jp/np/isbn/9784339029352/）に掲載されている（p.58参照）。

　ICTシステムの利活用が進み，e-ラーニングや，e-ラーニングを事前学習に利用する反転授業が注目されてきている。事前学習として空欄を埋める作業を課し，反転授業の際に問題演習を行うことにより，本書はこのような学習システムに対しても，学習効果を上げることができるような教科書となることを目指している。

　2023年2月

工藤栄亮

目　　　　次

1.　通信システム入門

2.　情報源符号化と通信路符号化

3.　フーリエ級数・フーリエ変換

4. 線形システム

5. ディジタル変調

6. ディジタル復調

7. 多 重 伝 送

8.　さまざまな通信システム

9.　通信トラヒック解析

通信システム入門

通信システムでは，電波や光などを媒体として，情報を伝送する。このような媒体は波として表される。したがって，その性質を理解するには，ある程度の数学的な素養が必要である。このような数学は，大学初年次等の時期に，通信システムに関する授業を受講する前に学ぶことになるのだが，数学が苦手な学生にとっては，どのようにこれらの数学が利用されるか理解できず，学ぶ意義が見いだせなくなって挫折してしまうことも多い。そこで，本章では大学初年次等の時期に学ぶ数学が，どのように通信システムを学ぶ際に役に立つのかについて述べる。とはいえ，通信システムと数学との関係を述べる前に，通信システムに関する最低限の知識は必要であるので，まず通信システムを学ぶ際に重要なパラメータについて説明する。その上で，微分や積分を扱う解析，ベクトルや行列を扱う線形代数，確率について扱う確率・統計と通信システムの関わりについて述べる。

 ## 1.1 通信システムとは

通信の意味は，広辞苑（第 6 版）によると，「① 人がその意思を他人に知らせること。音信を通ずること。たより。② 郵便・電信・電話・パソコンなどによって，意思や情報を通ずること。」とされている。通ずるということは送信するものと受信するものがあるので，いいかえると，通信とは，「送信側から受信側に情報を伝送すること」である。通信を実現するシステムが通信システムであるので，通信システムの構成は**図 1.1** のようになる。

図 1.1　通信システムの構成

通信システムの例として，電話，ラジオ，テレビ，インターネット等を挙げることができる。これらの例はいずれも現代に実存するものだが，通信システムは昔から存在していた。文書によって伝達するシステムとして，現代でも郵便があるが，江戸時代には飛脚があり，さらに古くは伝書鳩がある。ノアが方舟から鳩を放ち，オリーブの葉を加えて鳩が戻ってきたことから陸地があらわれたことを確認した逸話からも伝書鳩の歴史の長さを感じさせられる。また，聴覚を利用する通信システムとして，太鼓や梵 鐘 （寺の鐘）がある。さらに，視覚を利用する通信システムとして，狼煙，旗振り通信，腕木伝言がある。

さて，現代において最も身近な通信システムとして，**携帯電話**がある。図 1.2 に，日本における携帯電話加入者数の推移を示す。2010 年代初頭以降の携帯電話加入者数は日本の人口を

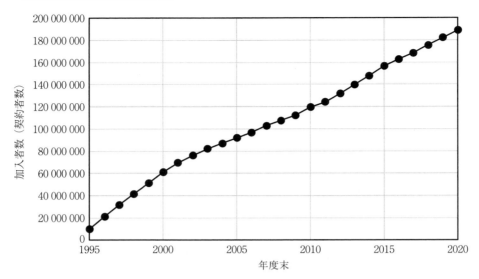

図 1.2　日本における携帯電話加入者数の推移（電気通信事業者協会Webページ，
https://www.tca.or.jp/database/index.html より作成）

超えており，一人で複数台の携帯電話を所有している人が少なくないことを示している。さらに，現代社会では，通信システムは社会インフラの一つであり，通信システムを学ぶ必要のある技術者が増えていることもうかがえる。

　通信システムの構成はおおまかには図1.1のように表されるが，現代社会で普及している，携帯電話，テレビ，インターネット等のディジタル通信システムの構成は**図1.3**のように表される。送信すべき情報はテキスト，音，映像などであり，アナログ信号である場合も多い。これらの情報に対し，**情報源符号化**と**通信路符号化**の二つの符号化を行った後に，信号は送信機を経て，通信路に送信される。通信路では雑音が付加され，受信機で受信される（実際の通信システムでは受信機における増幅器でも雑音が発生する）。受信機から得られた信号は，通信路符号化と情報源符号化に対応した復号が行われ，情報が得られる。ここで，情報源符号化と通信路符号化という二つの符号化が行われるのは，これらの符号化の目的が異なるからであ

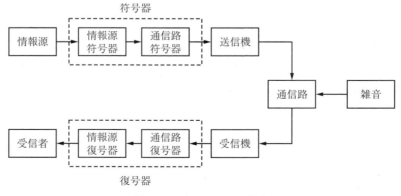

図 1.3　通信システムの構成

る。情報源から発せられた情報をなるべくコンパクトなディジタル符号に変換するのが，情報源符号化である。一方，通信路上で発生する誤りを訂正したり，検出したりして，受信情報の信頼性を向上させるための符号化を行うのが通信路符号化である。

1.2 通信システムのパラメータ

通信システムは，電波や光波などの波を使って情報を伝達する。波を記述するうえで大切なパラメータとして，**周波数**と**波長**がある。また，通信システムでは，情報を伝達する波の大きさを表す際に**デシベル**が用いられることが多い。本節では，周波数と波長，デシベルについて学ぶ。

1.2.1 周波数と波長

波は一般的に三角関数で表されることが多い。式 (1.1) に時刻 t に対する波形 $g(t)$ の式を，**図**1.4 に波形を示す。$|g(t)|$ の最大値は**振幅**と呼ばれ，図 1.4 より 1 である。

$$g(t) = \sin 2\pi f t \tag{1.1}$$

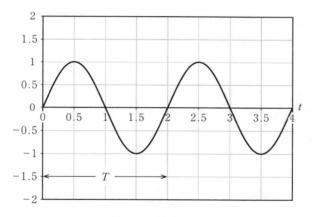

図 1.4 $g(t)$ の波形

式 (1.1) において，f は周波数である。周波数とは，波の振動が単位時間当りに繰り返される数であり，振動数とも呼ばれる。周期を T とすると，周波数 f は次式で表される。

$$f = \frac{1}{T} \tag{1.2}$$

周期 T の単位は s（second：秒）であり，周波数 f の単位は Hz である。ここで，式 (1.2) より，Hz という単位は $1/\mathrm{s}$ に対応していることがわかる。

波長 λ は，波の速さを v とすると次式で表される。

$$\lambda = \frac{v}{f} \tag{1.3}$$

ここで，v の単位は $\mathrm{m/s}$ であり，λ の単位は m であるので，f の単位が $\mathrm{Hz} = 1/\mathrm{s}$ であること

を思い出せば，式 (1.3) は容易に理解できる。

〔例題 1.1〕
1 GHz の電波の波長はいくらか。

解
電波は光と同じ電磁波の一種であるから，その速さは，光の速さ c に等しい。

$$c = 3 \times 10^8 \, \text{m/s}$$

式 (1.3) より

$$\lambda = \frac{c}{f} = \frac{3 \times 10^8}{1 \times 10^9} = 0.3 \, \text{m}$$ ◆

1.2.2 デ シ ベ ル

デシベルについて述べる前に，**指数**と**対数**について説明する。まず，A を n 個乗算したものを A の n 乗といい，次式が成り立つ。

$$A \cdot A \cdots A = A^n \tag{1.4}$$

式 (1.4) において，n は指数と呼ばれる。

いま，A を正の数とし，$A^n = x$ とおくと，n は A を底とする x の対数であり次式で表される。

$$n = \log_A x \tag{1.5}$$

さて，デシベルは dB と表される。ここで，d（デシ）は 1/10 の意味で，B（ベル）は人名（Alexander Graham Bell）に由来している。dB（デシベル）は，比を対数で表示する単位である。比 $x = \dfrac{B}{A}$ を dB で表すと，次式のようになる。

$$10 \log_{10} x = 10 \log_{10} \frac{B}{A} \tag{1.6}$$

〔例題 1.2〕
信号電力が 100 mW，雑音電力が 1 mW のときの**信号電力対雑音電力比**を dB（デシベル）で表すといくらになるか。

解
式 (1.6) より

$$10 \log_{10} \frac{100 \times 10^{-3}}{1 \times 10^{-3}} = 10 \log_{10} 100 = 20 \, \text{dB}$$ ◆

いま，**図 1.5** のように，縦続接続されている三つの装置に対して，A が入力されたとき，出力が B になったとする。なお，三つの装置はそれぞれ，入力信号を x_1 倍，x_2 倍，x_3 倍に増

図1.5 縦続接続された装置

幅して出力するものとする。

この装置の出力対入力の比は次式で表される。

$$\frac{B}{A} = x_1 \cdot x_2 \cdot x_3 \tag{1.7}$$

ここで，x_1, x_2, x_3 のデシベル表記での値（デシベル値）を X_1, X_2, X_3 とすると，X_1, X_2, X_3 はそれぞれ次式で表される。

$$X_1 = 10 \log_{10} x_1 \tag{1.8}$$

$$X_2 = 10 \log_{10} x_2 \tag{1.9}$$

$$X_3 = 10 \log_{10} x_3 \tag{1.10}$$

式 (1.7) より，次式が得られる。

$$10 \log_{10} \frac{B}{A} = 10 \log_{10}(x_1 \cdot x_2 \cdot x_3)$$

$$= 10 \log_{10} x_1 + 10 \log_{10} x_2 + 10 \log_{10} x_3$$

$$= X_1 + X_2 + X_3 \tag{1.11}$$

式 (1.7) と式 (1.11) を比較することにより，元の値（真値）では，乗算で表されていたのに，デシベル値では，加算で表されることがわかる。このように，デシベルを使うと乗算が加算に，除算が減算になり，計算が容易になる。

つぎに，波は最終的に電気的信号に変換されて観測されることが多いので，電気信号について考える。**電力**とは，単位時間当りの電流がする仕事のことであり，**電圧** V，**抵抗値** R とすると電力 P は次式で表される。

$$P = \frac{V^2}{R} \tag{1.12}$$

いま，電力が P_1 から P_2 に変化したとき，電圧が V_1 から V_2 に変化したとする。抵抗値 R は一定とすると，P_1, P_2 は次式で表される。

$$P_1 = \frac{V_1^2}{R} \tag{1.13}$$

$$P_2 = \frac{V_2^2}{R} \tag{1.14}$$

電力比をデシベルで表すと次式になる。

$$10 \log_{10} \frac{P_2}{P_1} = 10 \log_{10} \left(\frac{V_2}{V_1} \right)^2 = 20 \log_{10} \frac{V_2}{V_1} \tag{1.15}$$

式 (1.15) より，電圧比のデシベル表記を電力比のデシベル表記に一致させるため，電圧比のデシベル表記では，係数が 20 になる。

1.3　通信システムと解析

　通信システムでは，電波や光波などのさまざまな波を使って情報を伝送する。ところで，音も音波と呼ばれる波の一種である。波を観測すると，振幅が得られるが，複数の音が重なった場合でも，ある時点で観測される振幅の値は一つだけである。ところが，実際の生活では，複数の音を同時に聞いて，聞き分けることができたりする。どうして，一つの振幅の値しか観測していないのに複数の音の大きさを同時に知ることができるのだろう。これは，人間の耳が周波数の違いを認識できるからなのだが，このことを正確に理解しようとすると，解析学で学ぶ，三角関数，積分，**フーリエ変換**などの知識が必要となる。なお，フーリエ変換は，本書でも 3 章で扱っている。

　いま，次式で表される二つの波について考える。

$$g_1(t) = \sin 2\pi f_0 t \tag{1.16}$$

$$g_2(t) = \sin 2\pi (4f_0)t = \sin 8\pi f_0 t \tag{1.17}$$

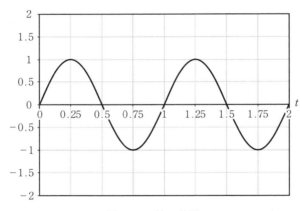

図 1.6　$g_1(t)$ の波形

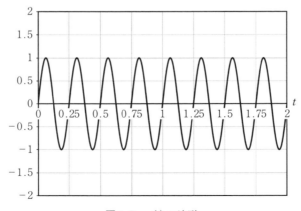

図 1.7　$g_2(t)$ の波形

それぞれの波形を**図1.6**と**図1.7**に示す。

二つの波 $g_1(t)$ と $g_2(t)$ を重ね合わせた波 $g_1(t)+g_2(t)$ は**図1.8**で表される。

一方で，二つの波 $g_1(t)$ と $g_2(t)$ を掛け合わせると**図1.9**のようになる。

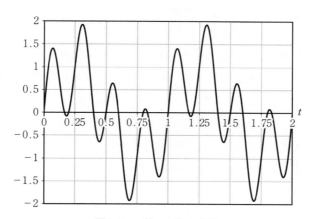

図1.8　$g_1(t)+g_2(t)$ の波形

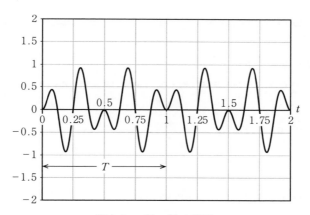

図1.9　$g_1(t)\,g_2(t)$ の波形

ここで，$g_1(t)g_2(t)$ を $t=0$ から $t=T=\dfrac{1}{f_0}$ までの範囲で積分すれば，0になる。このような関数系を**直交関数系**という。

$$\int_0^T g_1(t)g_2(t)dt = \int_0^T (\sin 2\pi f_0 t)(\sin 8\pi f_0 t)dt = 0 \tag{1.18}$$

さて，式 (1.18) を使えば，重ね合わせた波 $g_1(t)+g_2(t)$ に対して $g_1(t)$ を乗算して，0から T までの範囲で積分すれば，$g_1(t)$ の成分を取り出すことができるとわかる。

$$\int_0^T \{g_1(t)+g_2(t)\}g_1(t)dt = \int_0^T \{g_1(t)\}^2 dt = \int_0^T (\sin 2\pi f_0 t)^2 dt \tag{1.19}$$

同様に，$g_1(t)+g_2(t)$ に対して $g_2(t)$ を乗算して，0から T までの範囲で積分すれば，$g_2(t)$ の成分を取り出すことができるとわかる。

$$\int_0^T \{g_1(t)+g_2(t)\}g_2(t)dt = \int_0^T \{g_2(t)\}^2 dt = \int_0^T (\sin 8\pi f_0 t)^2 dt \tag{1.20}$$

　このようにして，直交関数系の和で表されたものは，各直交関数を乗じて積分することによって，各直交関数の成分を求めることができる。ここで，音波も直交関数系の和で表される。音の高低とは周波数（$g_1(t)$ の周波数は f_0 であり，$g_2(t)$ の周波数は $4f_0$ である）の高低であり，人は周波数の高低を聞き分けることができるので，合成された音から周波数の異なる成分を聞き分けることができるのである。

　つぎに，三角関数と指数関数を関連付け，フーリエ変換を理解するときにも必要となる**複素数**について述べる。任意の実数 $x, y \in (-\infty, \infty)$ に対して，$z \equiv x + jy$ を複素数という。ここで，j は**虚数単位**であり，次式が成り立つ。

$$j^2 = -1 \tag{1.21}$$

　理学系の書籍では i を虚数単位として用いることが多いが，工学系の書籍では，j を虚数単位として用いることが多い。本書でも j を虚数単位とする。$z = x + jy$ において，x, y は複素数 z の実部および虚部であり，次式で表される。

$$x = \mathrm{Re}[z] \tag{1.22}$$

$$y = \mathrm{Im}[z] \tag{1.23}$$

〔**例題 1.3**〕
　$(1 + 3j)^2$ の実部と虚部を求めよ

【解】

$$(1 + 3j)^2 = 1 - 9 + 6j = -8 + 6j$$

$$\mathrm{Re}[(1 + 3j)^2] = -8$$

$$\mathrm{Im}[(1 + 3j)^2] = 6 \qquad\blacklozenge$$

　一般に，複素数 z は振幅 r と**偏角** θ を用いて，次式で表すことができる。

$$z = x + jy = r\{\cos\theta + \sin\theta\} \tag{1.24}$$

　なお，偏角 $\arg z = \theta$ は，次式で表されるように一意には定まらない。

$$\{\theta \mid \theta = \theta_0 + 2n\pi, \, n = 0, \, \pm 1, \, \pm 2, \, \cdots\} \quad (0 \leq \theta_0 < 2\pi) \tag{1.25}$$

ただし，θ_0 を主値という。

　さらに，$z = x + jy$ に対して $z^* \equiv x - jy$ を**共役複素数**という。共役複素数を用いると振幅 r は次式で表される。

$$z \cdot z^* = |z|^2 = |z^*|^2 = r^2 \tag{1.26}$$

〔**例題 1.4**〕
　$|z_1 z_2| = |z_1||z_2|$ となることを示せ。

解

$\text{Re}[z_1] = x_1, \ \text{Im}[z_1] = y_1, \quad \text{Re}[z_2] = x_2, \ \text{Im}[z_2] = y_2$ とすると

$$
\begin{aligned}
|z_1 z_2| &= |(x_1 + jy_1)(x_2 + jy_2)| = |(x_1 \cdot x_2 - y_1 \cdot y_2) + j(x_1 \cdot y_2 + y_1 \cdot x_2)| \\
&= \sqrt{(x_1 \cdot x_2 - y_1 \cdot y_2)^2 + (x_1 \cdot y_2 + y_1 \cdot x_2)^2} \\
&= \sqrt{(x_1 \cdot x_2)^2 + (y_1 \cdot y_2)^2 + (x_1 \cdot y_2)^2 + (y_1 \cdot x_2)^2} \\
&= \sqrt{(x_1^2 + y_1^2)(x_2^2 + y_2^2)} = |z_1||z_2|
\end{aligned}
$$
◆

ところで，任意の実数 x に対して，次式が成り立つ。この式を**オイラーの公式**という。

$$
e^{jx} = \cos x + j \sin x \tag{1.27}
$$

ただし，e は自然対数の底であり，**ネイピア数**と呼ばれる。オイラーの公式より，次式を得ることができる。

$$
\cos x = \frac{1}{2}\left(e^{jx} + e^{-jx}\right) \tag{1.28}
$$

$$
\sin x = \frac{1}{2j}\left(e^{jx} - e^{-jx}\right) \tag{1.29}
$$

〔例題 1.5〕

オイラーの公式を利用して，以下の**加法定理**を導け。

$$
\cos(x+y) = \cos x \cos y - \sin x \sin y
$$
$$
\sin(x+y) = \sin x \cos y + \cos x \sin y
$$

解

$$
e^{j(x+y)} = \cos(x+y) + j \sin(x+y)
$$
$$
e^{j(x+y)} = e^{jx}e^{jy} = (\cos x + j \sin x)(\cos y + j \sin y)
$$
$$
= \cos x \cos y - \sin x \sin y + j(\sin x \cos y + \cos x \sin y)
$$

両式の実部同士，虚部同士が等しいことから，加法定理が成り立つ。 ◆

 # 1.4 通信システムと線形代数

1.4.1 行　　列

線形代数では，**行列**について学ぶ。数や記号や式などの要素を縦と横に矩形状に配列したものを行列と呼ぶ。**図 1.10** に 2 行 2 列の行列を示す。

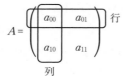

図 1.10 2 行 2 列の行列

いま，次式で表される2行2列の二つの行列 A, B を考える。

$$A = \begin{pmatrix} a_{00} & a_{01} \\ a_{10} & a_{11} \end{pmatrix} \tag{1.30}$$

$$B = \begin{pmatrix} b_{00} & b_{01} \\ b_{10} & b_{11} \end{pmatrix} \tag{1.31}$$

行列の和 $A+B$ は各要素の和をとればよく，次式で表される。

$$\begin{aligned} A+B &= \begin{pmatrix} a_{00} & a_{01} \\ a_{10} & a_{11} \end{pmatrix} + \begin{pmatrix} b_{00} & b_{01} \\ b_{10} & b_{11} \end{pmatrix} \\ &= \begin{pmatrix} a_{00}+b_{00} & a_{01}+b_{01} \\ a_{10}+b_{10} & a_{11}+b_{11} \end{pmatrix} \end{aligned} \tag{1.32}$$

行列の積 AB は A の行と B の列を掛け合わせればよく，次式で表される。

$$\begin{aligned} AB &= \begin{pmatrix} a_{00} & a_{01} \\ a_{10} & a_{11} \end{pmatrix}\begin{pmatrix} b_{00} & b_{01} \\ b_{10} & b_{11} \end{pmatrix} \\ &= \begin{pmatrix} a_{00}b_{00}+a_{01}b_{10} & a_{00}b_{01}+a_{01}b_{11} \\ a_{10}b_{00}+a_{11}b_{10} & a_{10}b_{01}+a_{11}b_{11} \end{pmatrix} \end{aligned} \tag{1.33}$$

ここで，式 (1.33) からも明らかなように，行列の積については交換則が成り立たない（$AB \neq BA$）ことには注意を要する。

いま，対角要素 a_{ii} のみ1で，ほかの要素は0となる行列を**単位行列**と呼ぶ。2行2列の単位行列 E は次式で表される。

$$E = \begin{pmatrix} 1 & 0 \\ 0 & 1 \end{pmatrix} \tag{1.34}$$

任意の**正方行列**（行の数と列の数が等しい行列）に単位行列を乗じても，元の正方行列になる。2行2列の場合，次式のようになる。

$$AE = \begin{pmatrix} a_{00} & a_{01} \\ a_{10} & a_{11} \end{pmatrix}\begin{pmatrix} 1 & 0 \\ 0 & 1 \end{pmatrix} = \begin{pmatrix} a_{00} & a_{01} \\ a_{10} & a_{11} \end{pmatrix} = A \tag{1.35}$$

$$EA = \begin{pmatrix} 1 & 0 \\ 0 & 1 \end{pmatrix}\begin{pmatrix} a_{00} & a_{01} \\ a_{10} & a_{11} \end{pmatrix} = \begin{pmatrix} a_{00} & a_{01} \\ a_{10} & a_{11} \end{pmatrix} = A \tag{1.36}$$

つぎに，$AB = BA = E$ となる行列 B を考える。この行列 B は A^{-1} と表記され，行列 A の**逆行列**と呼ばれる。

行列は，通信システムにおいてもさまざまな場面で利用されるが，次項以降では，このうち**誤り訂正符号**と MIMO について述べる。

1.4.2　誤り訂正符号

本項では，誤り訂正符号の1種である，**(7, 4) ハミング符号**について述べる。(7, 4) ハミング符号は，4ビットの情報信号 $x = (x_0, x_1, x_2, x_3)$ に対して，3ビットの**検査符号** (c_0, c_1, c_2) を付加して計7ビットの符号語（符号化されたビットのかたまりの最小単位）を送信し，1ビットの誤りを訂正できる符号である。検査ビットは以下の式で作ることができる。

$$
\left.\begin{aligned}
c_0 &= x_0 \oplus x_1 \oplus x_2 \\
c_1 &= \phantom{x_0 \oplus{}} x_1 \oplus x_2 \oplus x_3 \\
c_2 &= x_0 \oplus x_1 \phantom{{}\oplus x_2} \oplus x_3
\end{aligned}\right\}
\tag{1.37}
$$

ただし，$\oplus$ は次式で表される**排他的論理和**である。排他的論理和の演算は，1 の個数を数えて，偶数であれば 0，奇数であれば 1 と覚えるとよい。

$$
\left.\begin{aligned}
0 \oplus 0 &= 0 \\
0 \oplus 1 &= 1 \\
1 \oplus 0 &= 1 \\
1 \oplus 1 &= 0
\end{aligned}\right\}
\tag{1.38}
$$

検査ビットを付加された符号語 w は，次式で表される。

$$
\begin{aligned}
w &= (x_0, x_1, x_2, x_3, c_0, c_1, c_2) \\
&= (x_0, x_1, x_2, x_3, x_0 \oplus x_1 \oplus x_2, x_1 \oplus x_2 \oplus x_3, x_0 \oplus x_1 \oplus x_3)
\end{aligned}
\tag{1.39}
$$

ここで，式 (1.40) で表される**生成行列** G を用いれば，符号語 w は式 (1.41) で表される。

$$
G = \begin{pmatrix}
1 & 0 & 0 & 0 & 1 & 0 & 1 \\
0 & 1 & 0 & 0 & 1 & 1 & 1 \\
0 & 0 & 1 & 0 & 1 & 1 & 0 \\
0 & 0 & 0 & 1 & 0 & 1 & 1
\end{pmatrix}
\tag{1.40}
$$

$$
w = xG
\tag{1.41}
$$

なお，式 (1.41) の乗算を行う際に，式 (1.33) の和（＋）が，排他的論理和（$\oplus$）に置き換わっていることに注意を要する。このように誤り訂正符号の符号化について行列によって表される例を示したが，復号するときに行列が有効な計算手段になることも想像できるであろう。

1.4.3　MIMO

MIMO（multiple input multiple output）とは，複数のアンテナで複数のデータを送信して，複数のアンテナで受信する通信方法であり，周波数帯域幅を拡大することなく伝送速度を高速化できる方法の一つである。簡単のため，2 本のアンテナで送信し，2 本のアンテナで受信する 2×2 MIMO について考える。**図 1.11** に 2×2 MIMO の構成を示す。

送信機は，アンテナ 1 から x，アンテナ 2 から y を送信し，受信機は，アンテナ 1′ では x'，

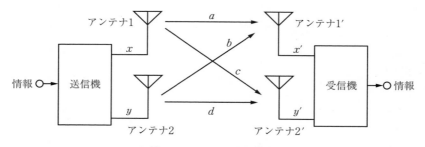

図 1.11　2×2MIMO の構成

アンテナ2′では y' を受信したとする。アンテナ1とアンテナ1′の間の無線伝搬路を a, アンテナ2とアンテナ1′の間の無線伝搬路を b, アンテナ1とアンテナ2′の間の無線伝搬路を c, アンテナ2とアンテナ2′の間の無線伝搬路を d とする。簡単のため, 雑音を無視すれば, x' は式 (1.42) で, y' は式 (1.43) で表される。

$$x' = ax + by \tag{1.42}$$

$$y' = cx + dy \tag{1.43}$$

a, b, c, d の値がわかれば, 式 (1.42) と式 (1.43) の連立一次方程式を解くことによって, x' と y' から x と y を求めることができる。すなわち, 2本のアンテナの受信信号から2本のアンテナの送信信号を求めることができる。行列を用いれば, この作業が容易にできる。まず, 式 (1.42), (1.43) は次式で表される。

$$\begin{pmatrix} x' \\ y' \end{pmatrix} = \begin{pmatrix} a & b \\ c & d \end{pmatrix}\begin{pmatrix} x \\ y \end{pmatrix} \tag{1.44}$$

連立一次方程式を解くことは, 逆行列を用いて次式のように表すことができる。

$$\begin{pmatrix} a & b \\ c & d \end{pmatrix}^{-1}\begin{pmatrix} x' \\ y' \end{pmatrix} = \begin{pmatrix} a & b \\ c & d \end{pmatrix}^{-1}\begin{pmatrix} a & b \\ c & d \end{pmatrix}\begin{pmatrix} x \\ y \end{pmatrix}$$
$$= \begin{pmatrix} 1 & 0 \\ 0 & 1 \end{pmatrix}\begin{pmatrix} x \\ y \end{pmatrix} = \begin{pmatrix} x \\ y \end{pmatrix} \tag{1.45}$$

つぎに, 逆行列を求めてみよう。いま, 逆行列を次式のようにおく。

$$\begin{pmatrix} a & b \\ c & d \end{pmatrix}^{-1} = \begin{pmatrix} e & f \\ g & h \end{pmatrix} \tag{1.46}$$

元の行列と逆行列の積は単位行列であるから, 次式が成り立つ。

$$\begin{pmatrix} a & b \\ c & d \end{pmatrix}^{-1}\begin{pmatrix} a & b \\ c & d \end{pmatrix} = \begin{pmatrix} 1 & 0 \\ 0 & 1 \end{pmatrix} \tag{1.47}$$

したがって

$$\begin{pmatrix} e & f \\ g & h \end{pmatrix}\begin{pmatrix} a & b \\ c & d \end{pmatrix} = \begin{pmatrix} ae+cf & be+df \\ ag+ch & bg+dh \end{pmatrix} = \begin{pmatrix} 1 & 0 \\ 0 & 1 \end{pmatrix} \tag{1.48}$$

$$be + df = 0 \tag{1.49}$$

$$ag + ch = 0 \tag{1.50}$$

$$ae + cf = 1 \tag{1.51}$$

$$bg + dh = 1 \tag{1.52}$$

式 (1.49) ～ (1.52) の連立一次方程式を解くことによって, 以下の式が得られる。

$$e = \frac{d}{ad - bc} \tag{1.53}$$

$$f = -\frac{b}{ad - bc} \tag{1.54}$$

$$g = -\frac{c}{ad - bc} \tag{1.55}$$

$$h = \frac{a}{ad - bc} \tag{1.56}$$

以上より，次式が得られる。

$$\begin{pmatrix} a & b \\ c & d \end{pmatrix}^{-1} = \begin{pmatrix} e & f \\ g & h \end{pmatrix} = \frac{1}{ad - bc} \begin{pmatrix} d & -b \\ -c & a \end{pmatrix} \tag{1.57}$$

ただし

$$ad - bc \neq 0 \tag{1.58}$$

　ここで，式 (1.58) の意味を考えてみよう。$ad - bc = 0$ であれば，逆行列が存在せず，MIMO を行うことはできない。例えば，$a = c$ かつ $b = d$ のときには，$ad - bc = ab - ba = 0$ となる。$a = c$ かつ $b = d$ となる代表的な例はアンテナ $1'$ とアンテナ $2'$ の間隔が短いときである。さらに，アンテナ $1'$ とアンテナ $2'$ の間隔が短ければ，アンテナ $1'$ での受信信号とアンテナ $2'$ での受信信号は同じ（$x' = y'$）になってしまい，式 (1.42) と式 (1.43) が等しくなってしまう。このことから，MIMO は複数のアンテナの伝搬路の違いを積極的に利用する技術であることがわかる。

〔**例題 1.6**〕

$\begin{pmatrix} 2 & 1 \\ -5 & -2 \end{pmatrix}$ の逆行列を求めよ。

解

式 (1.57) より

$$\begin{pmatrix} 2 & 1 \\ -5 & -2 \end{pmatrix}^{-1} = \frac{1}{2 \cdot (-2) - 1 \cdot (-5)} \begin{pmatrix} -2 & -1 \\ 5 & 2 \end{pmatrix} = \begin{pmatrix} -2 & -1 \\ 5 & 2 \end{pmatrix} \qquad \blacklozenge$$

　　# 1.5　通信システムと確率・統計　　

1.5.1　誤　り　率

　通信システムでは，情報を伝達する際に，すべての情報が正しく伝達されるとは限らない。そこで，誤りが発生する確率，すなわち**誤り率**を求めることが重要になる。

　1 対 1 の通信を行う際の誤り率には，いろいろなものがある。ディジタル伝送では，最小の伝送単位は**ビット**である。情報を伝送するときには，1 ビット単位で送るよりも，まとめて送信するほうが効率的な場合が多い。例えば，変調するときには，**多値変調方式**を用いて，複数ビットをまとめて送るほうが伝送速度を高速化できる。この複数ビットのまとまりを**シンボル**と呼ぶ。さらにインターネットでは，送信したい情報だけでなく，送信元や宛先などを表す情報が付加された**パケット**と呼ばれる単位で情報が伝送される。これらに対応して，**ビット誤り率**，**シンボル誤り率**，**パケット誤り率**がある。例えば，ビット誤り率は，総送信ビット数に対

する誤って受信されたビット数の割合で表される。

誤り率のほかにも，通信品質に関連する用語に，**スループット**がある。スループットとは，コンピュータやネットワークが一定時間内に処理できるデータ量のことであり，ネットワーク上で観測されるスループットとは，単位時間当りのデータ伝送量のことをいう。ここで，パケット誤り率を p，単位時間当りに発生するパケット数を G とすると，スループット T はデータ伝送に成功したパケット数であるので，次式で表される。

$$T = (1-p)G \tag{1.59}$$

ところで，通信システムではいろいろなデータが伝送されるが，音声，映像，テキスト情報など，提供されるサービスごとに所要通信品質が異なる。すなわち，許容される誤り率が変わってくる。

通信システムでは，1対1の通信だけでなく，1対多の通信もある。例えば，携帯電話システムでは，1台の基地局と多数の携帯端末が同時に通信を行っている。1台の基地局が同時に通信可能な携帯電話の数は有限であるから，もしも，通信可能な上限の数よりも多くの人が電話をかけたら，接続できなくなる。このように通信を発しても接続できないことを**呼損**と呼び，呼損が発生する確率を**呼損率**と呼ぶ。

また，携帯電話では，基地局から送信された電波が，多重波として受信されるので，場所や時間によって受信電力が変動する。したがって，通信するために必要な所要受信電力が得られなくなると圏外になってしまう。このようにして，サービスの所要品質が得られなくなる確率を**劣化率**と呼ぶ（特に所要品質が得られなくなる場所的な劣化率を場所的劣化率，あるいは単に場所率と呼ぶ）。

1.5.2 確率変数と確率密度関数

前項で述べた確率を求めるには，大学で学ぶ確率・統計学の知識が必要となる。本項では，本書を読み進めるうえで必要となる，**確率変数**と**確率密度関数**について述べる。

確率変数とは，確率密度関数に対する変数である。確率変数は，関数に対する変数の一種であるので，確率変数のとりうる範囲を定義域と呼ぶことにする。一例として，コインを一定周期 T ごとに投げて，表面が出たら 1，裏面が出たら -1 をとる確率変数 x を考える。このとき x のグラフは**図 1.12** のようになる。このように定義域の値が離散的な値を持つ確率変数を，

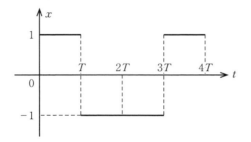

図 1.12　離散的な確率変数の例

離散的な確率変数という。

　つぎに，実効電圧が $100\,\mathrm{V}$ で，周期が $2T$ である交流電圧 x のグラフは**図 1.13** のようになる。このように定義域の値が連続的な値を持つ確率変数を，**連続的な確率変数**という。

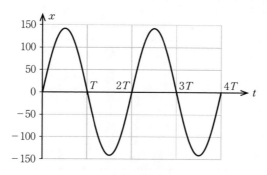

図 1.13　連続的な確率変数の例

　図 1.12 の場合，x が 1 をとる確率 $P(x=1)$，および x が -1 をとる確率 $P(x=-1)$ はいずれも ① である。

$$P(x=1)=P(x=-1)=0.5 \tag{1.60}$$

　一方，図 1.13 において $x=100$ となる時間は十分短いため，$x=100$ となる確率は ②
である。このように連続的な確率変数のときには，変数がある値をとる確率は 0 となることが多いため，変数の範囲を指定して，確率を求める。例えば，**図 1.14** に示すように，x が (95, 105][†] の範囲内に存在する確率 $P(95<x\le105)$ は次式で表される。

$$P(95<x\le105)=\frac{2\tau}{T} \tag{1.61}$$

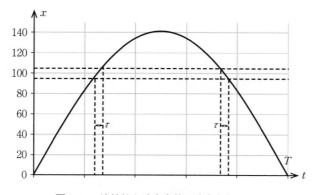

図 1.14　連続的な確率変数の確率を求める例

---

†　区間を表す記号について，本書では $[a,b]$ は $a\le t\le b$，(a,b) は $a<t<b$ を表すものとする。同様に，$(a,b]$ は $a<t\le b$，$[a,b)$ は $a\le t<b$ を表す。

　ある連続的な確率変数xに対して，周期TでN回**標本化**[†1]し，分解能Dで**量子化**[†2]する場合について考える。このときの各量子化値をとる回数を全標本化回数Nで割った確率が**図1.15**（a）のようになったとする。つぎに，分解能を$D/2$，$D/4$にしたときの同様な確率をそれぞれ図1.15（b），（c）に示す。分解能が小さくなるほど各確率は小さくなるが，滑らか

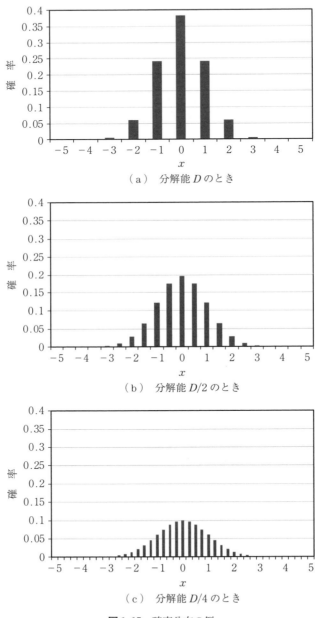

（a）　分解能Dのとき

（b）　分解能$D/2$のとき

（c）　分解能$D/4$のとき

図1.15　確率分布の例

なグラフになることがわかる。さらに，図1.15で示された確率を分解能で割ったグラフを**図1.16**に示す。図1.16では縦軸の値がどのグラフもほぼ等しく，分解能が小さいほどなめらかなグラフになっている。ここで，分解能を無限小にしたときのこの関数を確率密度関数と呼ぶ。

　確率変数xが$(a, b]$の範囲内に存在する確率$P(a<x\leq b)$は，xの確率密度関数$f(x)$を用いて次式で表される。

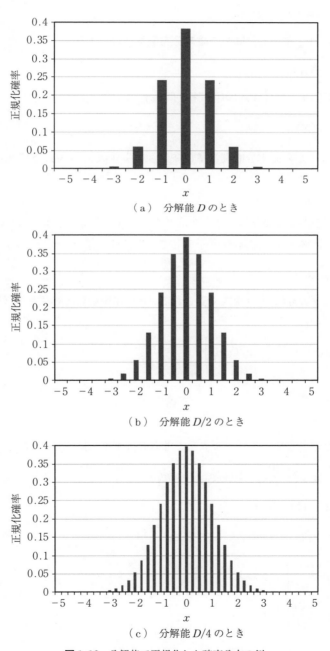

（a）　分解能Dのとき

（b）　分解能$D/2$のとき

（c）　分解能$D/4$のとき

図1.16　分解能で正規化した確率分布の例

$$P(a < x \leq b) = \int_a^b f(x)dx \tag{1.62}$$

また，すべての事象の発生確率の和は ③ [   ] であることから，次式が成り立つ。

$$P(-\infty < x \leq \infty) = \int_{-\infty}^{\infty} f(x)dx = 1 \tag{1.63}$$

確率密度関数 $f(x)$ を積分した関数を **確率分布関数** $F(X)$ と呼ぶ。

$$F(X) = \int_{-\infty}^{X} f(X)dx \tag{1.64}$$

確率分布関数 $F(X)$ を微分すれば確率密度関数 $f(x)$ になる。

$$f(x) = \frac{d}{dX}F(X) \tag{1.65}$$

式 (1.62)，(1.64) から確率分布関数 $F(X)$ は，確率変数 x が X 以下である確率であることがわかる。

$$F(X) = P(-\infty < x \leq X) \tag{1.66}$$

確率変数の性質を表す重要なパラメータに平均と分散がある。確率変数 x の **平均** $\bar{x}$ を求めるには，確率変数 x に確率密度関数 $f(x)$ を乗じて，全領域で積分すればよい。

$$\bar{x} = \int_{-\infty}^{\infty} x f(x)dx \tag{1.67}$$

また，確率変数 x の **分散** σ^2 は次式で表される（σ は確率変数 x の標準偏差）。

$$\sigma^2 = \overline{(x - \bar{x})^2} = \overline{x^2} - (\bar{x})^2$$
$$= \int_{-\infty}^{\infty} x^2 f(x)dx - \left\{ \int_{-\infty}^{\infty} x f(x)dx \right\}^2 \tag{1.68}$$

演習問題

【1.1】 1 mW を基準として，デシベル表記で電力を表す単位に dBm がある。例えば 1 mW は

$$10 \log_{10} \frac{1 \times 10^{-3}}{1 \times 10^{-3}} = 10 \log_{10} 1 = 0 \text{ dBm}$$

である。1 W は何 dBm か。

【1.2】 $\dfrac{1 + 3j}{1 - j}$ について，以下の各問に答えよ。

（1） 実部 $\text{Re}\left[\dfrac{1 + 3j}{1 - j}\right]$ を求めよ。

（2） 虚部 $\text{Im}\left[\dfrac{1 + 3j}{1 - j}\right]$ を求めよ。

【1.3】 確率変数 x に対して次式のような確率密度関数が与えられているとき，以下の各問に答えよ。

$$f(x) = \begin{cases} 1 & (0 \leq x \leq 1) \\ 0 & (x < 0, x > 1) \end{cases}$$

（1） 平均を求めよ。

（2） 分散を求めよ。

2

情報源符号化と通信路符号化

　通信したい情報は，音声や画像などアナログ信号であることが多い。これらの情報信号を
ディジタル通信システムで伝送するためには，伝送に適した符号に符号化しなければならな
い。符号化の手順は，情報源符号化と通信路符号化に大別される。このように2段階で符号化
するのは，それぞれの符号化が異なる目的を有しているからである。情報源符号化の目的は情
報源をできるだけ無駄のない符号に変換することであり，通信路符号化の目的は，雑音や干渉
に打ち勝って，誤りを少なくして通信を行うことである。したがって，通信路符号化では，通
信路によって適切な符号化方法が異なる。一方，情報源符号化は情報源の性質によって適切な
符号化方法が決まり，通信路の性質には基本的に依存しない。本章では，情報源符号化につい
て述べたのちに，通信路符号化について述べる。

2.1　情報源符号化

　情報源符号化とは，情報源符号（この符号は情報源に依存し，アナログ値の場合も含まれ
る）に対し，改めて別の符号を1対1に割り当てることである。**復号**とは，符号化とは逆に符
号化された符号語からもとの情報源符号に戻すことである。0と1のような2種類のみの符号
で表される符号を**2元符号**と呼ぶ。情報源符号の系列を一定長のブロックに区切り，ブロック
ごとに符号化を行った場合，この符号を**ブロック符号**と呼ぶ。

　表2.1のような情報源符号化の例について，どちらの符号化のほうが有利か考える。情報源
符号化の目的は情報源をできるだけ無駄のない符号に変換することであるから，**平均符号長**の

符号化のほうが有利な符号化である。

表2.1　情報源符号化の例

情報源符号	符号 I	符号 II
a_1	00	1
a_2	01	01
a_3	10	001
a_4	11	000

　いま，情報源符号 a_1, a_2, a_3, a_4 の発生する確率をそれぞれ，p_1, p_2, p_3, p_4 とし，各情報源符号の
発生は独立であるとする。

　・$p_1 = p_2 = p_3 = p_4 = 1/4$ のとき：

符号 I, 符号 II の平均符号長を，それぞれ L_1, L_2 とすると

$$L_1 = \frac{1}{4} \cdot 2 + \frac{1}{4} \cdot 2 + \frac{1}{4} \cdot 2 + \frac{1}{4} \cdot 2 = 2 \qquad (2.1)$$

$$L_2 = \frac{1}{4} \cdot 1 + \frac{1}{4} \cdot 2 + \frac{1}{4} \cdot 3 + \frac{1}{4} \cdot 3 = 2.25 \qquad (2.2)$$

となる。$L_1 < L_2$ であるので，② [   ] のほうが有利である。

・$p_1 = 1/2, p_2 = 1/4, p_3 = p_4 = 1/8$ のとき：

$$L_1 = \frac{1}{2} \cdot 2 + \frac{1}{4} \cdot 2 + \frac{1}{8} \cdot 2 + \frac{1}{8} \cdot 2 = 2 \qquad (2.3)$$

$$L_2 = \frac{1}{2} \cdot 1 + \frac{1}{4} \cdot 2 + \frac{1}{8} \cdot 3 + \frac{1}{8} \cdot 3 = 1.75 \qquad (2.4)$$

となる。$L_1 > L_2$ であるので，③ [   ] のほうが有利である。

以上のことから，どのような符号化が有利かは情報源の性質によって異なることがわかる。情報源符号化された符号が満たすべき条件としては，以下の 3 点がある。

> ① **正則な符号**であること。
> ② **一意復号可能な符号**であること（いかなる長さの符号系列に対しても正則である符号であること）。
> ③ **瞬時復号可能な符号**であること。

以下，これらの 3 点について詳しく述べる。

① **正則な符号であること**：　符号である以上，復号できなければならない。すなわち，符号化された符号語を再びもとの情報源符号に戻すことができなければならない。そのためには，符号化における対応付けが 1 対 1 であることが必要である。このような符号を正則な符号と呼ぶ。一方，異なる情報源符号が同一の符号語に符号化されてしまえば，正しく復号することができない。このような符号を**特異な符号**と呼ぶ。**表 2.2** において，符号 C_1 は，b も ④ [   ] も 10 と符号化されてしまうので，符号化における対応付けが 1 対 1 ではない。したがって，符号化された符号語を再びもとの情報源符号に戻すことができず，特異な符号である。

表 2.2　情報源符号化の例

情報源符号	符号 C_1	符号 C_2	符号 C_3	符号 C_4	符号 C_5
a	00	0	00	1	1
b	10	01	01	10	01
c	01	10	10	100	001
d	10	1	11	1000	0001

② **一意復号可能な符号であること**：　表2.2において符号C_2は，すべての情報源符号に対して異なる符号語が割り当てられているので正則であるが，2語以上の符号語系列に対しては一意に復号できなくなる。

例えば，0110という符号語系列を考えたとき，符号C_2では符号語の切れ目が一意に確定しない。すなわち，この符号語系列に対して，01, 10と区切りを入れれば

と復号できるし，また0, 1, 1, 0と区切れば

とも復号できる。このような符号は2語以上の系列に対しては一意に復号できなくなり，一意復号不可能な符号という。

表2.2の符号C_3はすべての符号語が異なり，正則である。さらに符号語の長さがすべて2ビットであるので，2ビットずつ区切って復号すれば，一意に復号できる。このような符号を一意復号可能な符号という。さらに，すべての符号語の長さが等しい符号を**等長符号**と呼ぶ。等長符号は特異な符号でなければ，一意復号可能な符号である。

表2.2の符号C_4，符号C_5は等長符号ではない。ところで，符号C_4はすべての符号語が1で始まり，符号C_5はすべての符号語が1で終わっている。したがって，符号C_4と符号C_5は符号語の始まりか終わりを識別することができるので，2語以上の系列に対して一意復号可能な符号である。

③ **瞬時復号可能な符号であること**：　ある符号語を復号するとき，その符号語を受信し終わった瞬間に，語の終わりであることを検知し復号が可能な符号を瞬時復号可能な符号という。

表2.2の符号C_3と符号C_5は符号語の終わりを検出することが可能なので，瞬時復号可能な符号である。しかし，符号C_4はつぎの符号語の最初のビットの1を受信することによって，初めて前の符号語の終わりを識別できる。したがって，符号C_4は瞬時復号不可能な符号である。

瞬時復号可能な符号であるかどうかを判断するためには，**符号の木**を考えるとよい。符号の木は符号の構成を木構造で表すものである。**図2.1**に2元符号の場合の符号の木の例を示す。左端の始点Sから出発し，最初の節点（第0次節点）における枝は，最初の符号が0であるか1であるかに対応している。同様に，第1次の節点から出る枝は第2の符号が0か1かを表す。こうして各節点に各符号が対応する。図2.1は0と1の2元符号の場合を示しているが，r元符号のときは，各節点から出る枝の数はそれぞれr本となる。

ここで，瞬時復号可能な符号の符号語として使えるのは枝の先端すなわち端点のみである。例えば，図2.1の中間節点（10）を符号語として使用したとすると，ほかに（100）

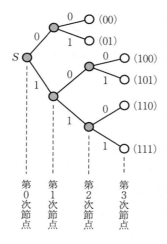

第0次節点　第1次節点　第2次節点　第3次節点

図2.1　2元符号の場合の
符号の木の例

および（101）が同時に符号語として存在するので，（10）の後に区切れを入れてよいか
一意に決まらない。中間節点に対応する符号列を，その節点から伸びている枝につなが
る節点に対応する符号列の**語頭**と呼ぶ。瞬時復号可能な符号は「どの符号語も，それ以
外の符号語の語頭と一致してはならない」と表現できる。

　図2.2（a）に表2.2の符号 C_4 の符号の木，図2.2（b）に表2.2の符号 C_5 の符号の木
を示す。符号 C_4 では，情報源符号 d の符号語にいたる枝の中間に，ほかの情報源符号 a,
b, c が存在する。すなわち，a, b, c の符号語が d の符号語の語頭になっている。した
がって，符号 C_4 は瞬時復号不可能な符号である。一方，符号 C_5 の符号の木では各符号
語はすべて木の枝の先端だけである。したがって，符号 C_5 は瞬時復号可能な符号である。

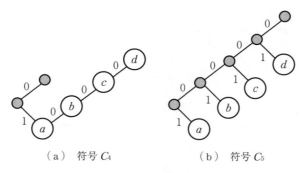

（a）　符号 C_4　　　　　（b）　符号 C_5

図2.2　符号の木

　情報源符号化の目的は，情報源をできるだけ無駄のない符号に変換することであるから，平
均符号長が最も短い符号化が最も有利な符号化である。平均符号長が最も短い符号を**最短符号**
という。最短符号を得る符号化法として，ハフマンによって与えられた符号（**ハフマン符号**）
がある。ハフマン符号の生成法を以下に示す。

　① M 個の情報源符号を，その発生確率の大きなものから順に並べる。

$$P(u_1) \geq P(u_2) \geq \cdots \geq P(u_M)$$

② 確率の最も小さい情報源符号2個をまとめ，これを一つの情報源符号と考えて合成した発生確率（二つの発生確率の和）を求める。

③ これらを，再び発生確率の大きいものから順に並べ直す。

④ ②，③の手続きを繰り返し，最後に発生確率1の情報源符号1個になるまで続ける。

⑤ 以上の各ステップを表に書き，対応する数字を線で結ぶと，この図は各情報源符号を端点とする木を構成する。

⑥ 以上により作った符号の木に対して，右端の点を始点とし，各接点から出る枝にそれぞれ0または1を割り当てることにより，ハフマン符号を作ることができる。

　図2.3にハフマン符号の例を示す。木の端点のみが符号語となっているから瞬時復号可能な符号である。また，すべての端点に符号語が割り当てられている。なお，各節点から出る枝に符号を割り当てるとき，どちらの枝を "0" とするかは自由である。ところで，図2.3のステップ2では発生確率が0.35のものが二つある。そこで，結合させる枝を変えたハフマン符号の例を**図2.4**に示す。

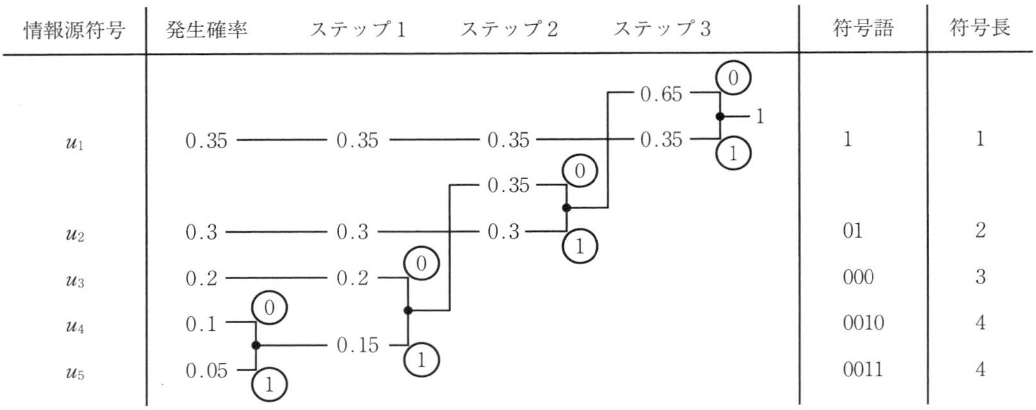

図2.3　ハフマン符号の例1

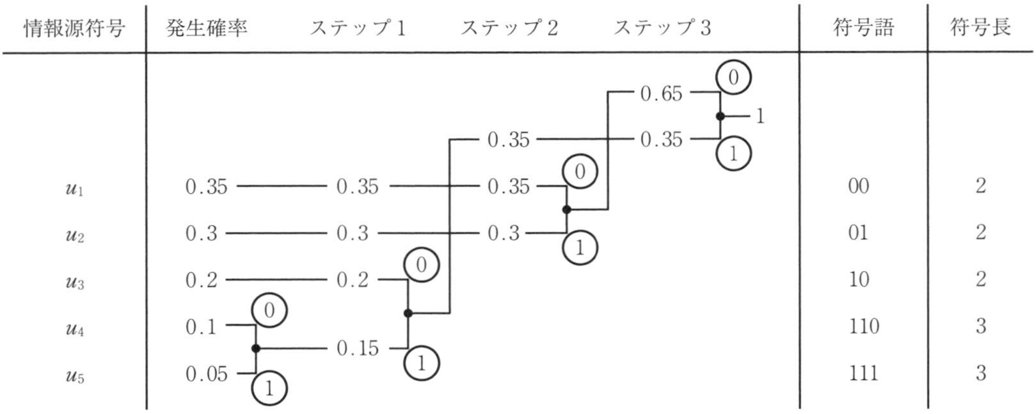

図2.4　ハフマン符号の例2

表2.3に図2.3と図2.4のハフマン符号化による平均符号長を示す。同表から明らかなように，どちらの符号化でも平均符号長は同じである。すなわち，同じ確率のものが複数あるとき，どの二つを選んで結合しても平均符号長は同じになる。

表2.3 異なるハフマン符号化の平均符号長の例

情報源符号	発生確率	図2.3のハフマン符号		図2.4のハフマン符号	
		符号語	符号長	符号語	符号長
u_1	0.35	1	1	00	2
u_2	0.3	01	2	01	2
u_3	0.2	000	3	10	2
u_4	0.1	0010	4	110	3
u_5	0.05	0011	4	111	3
平均符号長		2.15		2.15	

〔例題2.1〕

1, 0 をそれぞれ確率 0.2, 0.8 で発生する記憶のない2元情報源について，2個ずつまとめて符号化することを考える。各情報源符号の発生確率を求め，ハフマン符号化せよ。さらに平均符号長を求めよ。

解

図2.5にハフマン符号化の木を示す。また，このハフマン符号化の木をもとに得られるハフマン符号を表2.4に示す。

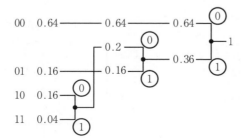

図2.5 ハフマン符号化の木

表2.4 ハフマン符号

情報源符号	発生確率	ハフマン符号
00	0.64	0
01	0.16	11
10	0.16	100
11	0.04	101

加えて，平均符号長は

$$1 \times 0.64 + 2 \times 0.16 + 3 \times 0.16 + 3 \times 0.04 = 1.56$$

したがって，情報源符号1ビット当りのハフマン符号化後の符号長は0.78となり，情報源

符号1ビットごとに符号化するよりも，22％効率を上げることができる。   ◆

    ## 2.2　通信路符号化

　通信路符号化の目的は，雑音や干渉に打ち勝って，誤りの少ない通信を行うことである。誤り制御は，**誤り訂正**と**誤り検出**に大別される。

　誤り訂正は **FEC**（forward error correction）とも呼ばれ，受信側で受信系列の性質を調べて，どこにどのような誤りが生じたかを判断する。送信側には問い合わせないので，片方向通信，双方向通信の両者に適用可能である。

　誤り検出は，受信側で受信系列に誤りが生じていることを判断できる状態で送信側に送信系列の再送を要求するので，**ARQ**（automatic repeat request）とも呼ばれる。再送を要求するため，双方向通信のみに適用可能である。

　加えて，誤り訂正符号は，ブロック符号と**畳込み符号**に大別される。ブロック符号とは先述のとおり，情報符号を一定長のブロックに区切り，ブロックごとに検査符号を付加して符号化を行う符号である。例として，ハミング符号，BCH符号，RS符号などがある。

　これに対し，畳込み符号では，逐次的に検査符号が付加される。**図2.6**に畳込み符号化器の例を示す。ここで，Lは**拘束長**でありシフトレジスタの数に対応する。出力される信号に対して，Lが大きいほど，より過去の情報が関係する。また，R_cは**符号化率**であり，全送信ビット数に対する情報ビット数の割合，すなわち，入力信号数と出力信号数の比である。$\oplus$は1.4.2項の式（1.38）で表される排他的論理和である。

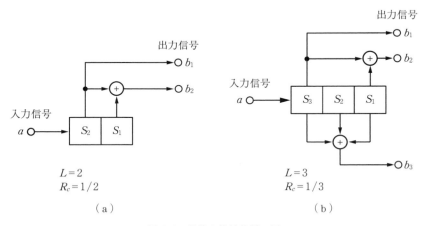

図2.6　畳込み符号化器の例

　畳込み符号の動作は**状態遷移表**や**状態遷移図**で表される。図2.6（a）で表される畳込み符号器を例として，状態遷移表および状態遷移図を求めてみよう。まず，S_2の初期状態が0の場合について考える。入力信号として0が入力されると，S_2に入っていた0がS_1に移動し，S_2

には入力信号の0が入るので，**図2.7**（a）のようになり，$b_1=0, b_2=0\oplus0=0$が出力される。同様に，入力信号として1が入力されると，S_2に入っていた0がS_1に移動し，S_2には入力信号の1が入るので，図2.7（b）のようになり，$b_1=1, b_2=1\oplus0=1$が出力される。つぎに，S_2の初期状態が1の場合について考える。入力信号として0が入力されると，S_2に入っていた1がS_1に移動し，S_2には入力信号の0が入るので，図2.7（c）のようになり，$b_1=0, b_2=0\oplus1=1$が出力される。同様に，入力信号として1が入力されると，S_2に入っていた1がS_1に移動し，S_2には入力信号の1が入るので，図2.7（d）のようになり，$b_1=1, b_2=1\oplus1=0$が出力される。以上より求めた図2.6（a）の畳込み符号器の状態遷移表を**表2.5**に，状態遷移図

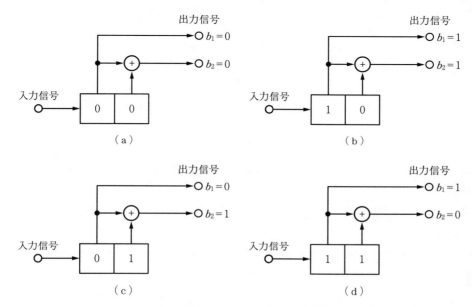

図2.7 図2.6（a）の畳込み符号器の動作例

表2.5 図2.6（a）の畳込み符号化器の状態遷移表

初期状態 S_2	入力 a	入力後のレジスタ S_1S_2	出力 b_1b_2	つぎの状態 S_2
0	0	00	00	0
	1	01	11	1
1	0	10	01	0
	1	11	10	1

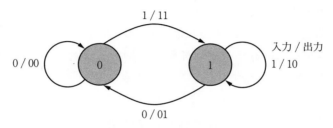

図2.8 図2.6（a）の畳込み符号化器の状態遷移図

を**図2.8**に示す。

　畳込み符号化された符号系列を表現する方法として，**トレリス図**がある。図2.6（a）の畳込み符号化器によって符号化された符号のトレリス図を**図2.9**に示す。横軸は時間であり，各矢印の上に書かれているのは，出力される信号である。例えば，$S_2=0$の状態で，$a=0$が入力され，$S_2=0$の状態へ遷移した場合には，出力信号 b_1b_2 が00となり，$S_2=0$の状態で，$a=1$が入力され，$S_2=1$の状態へ遷移した場合には，出力信号 b_1b_2 が⑦[　　　　　　]となる。なお，図2.9では，S_2の初期状態を0と仮定しているので，最初の時点では1の状態はない。この仮定は，情報信号が入力される前のS_2の状態が0であることを受信側も知っていることに対応している。

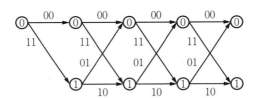

図2.9　図2.6（a）の畳込み符号化器のトレリス図

〔**例題2.2**〕
　　図2.6（a）に情報信号として1001が入力されたときの出力信号を求めよ。ただし，S_2の初期値は0とする。

解

図2.9より，1001が入力されたときのトレリス図は**図2.10**のようになる。

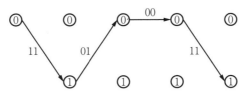

図2.10　1001が入力されたときのトレリス図

　したがって，出力信号は，11010011である。　　　　　　　　　　　　　　　◆

　また，畳込み符号の復号方法として**ビタビ復号**がある。ビタビ復号とは最も尤（もっと）もらしい（最も尤度の高い≒最も誤りの少ない）経路（符号）を逐次的に探索する復号方法である。

　いま，0か1の情報信号を送信するときに，0の場合は4ビットの0を付加して00000を送信し，1の場合は同様に4ビットの1を付加して11111を送信する符号化を考える。このとき，もし00001が受信されたとしたら，多くの人は00000が送信されたものと考えるであろう。これは，00000が送信されたとすると1ビットしか誤りが発生していないが，11111が送

信されたとすると4ビットの誤りが発生しているからである。このように，誤りの少ない符号を逐次的に求めるのがビタビ復号の基本的な考え方である。

　例として，受信語が1, 1, 1, 1, 0, 0, 0, 0の場合についてビタビ復号によって復号する。ただし，トレリス図は状態0で始まるものとする。この仮定は，前述したように，送信側において情報信号が入力される前の S_2 の状態が0であることを ⑧　　　　　　も知っていることに対応している。

① **ブランチメトリック**（状態と状態を結ぶ矢印をブランチと呼び，そのブランチの尤もらしさを表す指標）として，受信語と符号語との間の**ハミング距離**（異なっているビット数）を計算し，トレリス図に記入する（**図2.11**）。

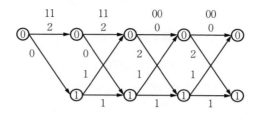

図2.11　途中図1

② 第1時点の**パスメトリック**（各径路のブランチメトリックの総和）を計算する。

　図2.12において，左端の⓪のパスメトリックの初期値は0であるとすると，⓪→⓪（ⓐ）のブランチメトリックは2であるから2と記入し，⓪→①（ⓑ）のブランチメトリックは0であるから0と記入する。

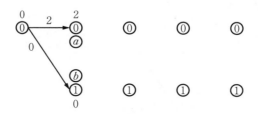

図2.12　途中図2

③ 第2時点のパスメトリックを計算し，各状態でもっともパスメトリックの小さなパスのみを残す。

　図2.13において，ⓐ→ⓒのパスは2+2=4であるが，ⓑ→ⓒのパスは0+1=1であるので，ⓐ→ⓒのパスを棄却し，ⓑ→ⓒのパスを残す。同様に，ⓐ→ⓓのパスは2+0=2であるが，ⓑ→ⓓのパスは0+1=1であるので，ⓐ→ⓓのパスを棄却し，ⓑ→ⓓのパスを残す。

④ 各時点の各状態において，③と同様にもっともパスメトリックの小さなパスのみを残し，

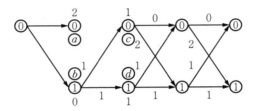

図 2.13　途中図 3

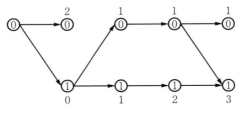

図 2.14　途中図 4

最終時点までパスメトリックを計算する（**図 2.14**）。

⑤ 最終時点の各状態へ至るパスの中から，もっともパスメトリックの小さなパスだけを生き
残りパスとして残す。

　　図 2.14 において，最終時点の ⓪ のパスメトリックは 1 であり，最終時点の ① のパス
メトリックは 3 であることから，第 3 時点から（パスメトリックの値の大きい）最終時
点の ① へつながるパスを削除する。そうすると，第 3 時点の ⓪ のパスは最終時点の ⓪ へ
つながるが，第 3 時点の ① から最終時点の ⓪ へつながるパスはないので，第 2 時点から
第 3 時点の ① につながるパスを削除する。以下同様にパスメトリックが最小となるパス
のみ残して，ほかのパスを削除して残ったパス（生き残りパス）が**図 2.15** である。

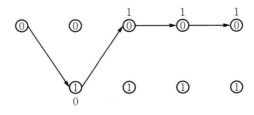

図 2.15　途中図 5

⑥ 生き残りパスに対応した情報語を求める。図 2.15 の場合，1, 0, 0, 0 である。

　　なお，本書では，受信符号語とのハミング距離をブランチメトリックとして用いたが，実際
の通信システムでは，2 値の符号に判定する前のアナログ値を用いれば，より誤り訂正効果を
向上させることができる。本書で紹介しているような 2 値に判定後の信号を用いて復号する方
法を**硬判定ビタビ復号**と呼び，2 値に判定前の信号を用いて復号する方法を**軟判定ビタビ復号**
と呼ぶ。

〔**例題 2.3**〕
　図 2.6（a）の畳込み符号器を用いて送信された信号の受信信号系列が
　　　0, 0, 1, 0, 0, 1, 0, 0
であったとき，ビタビ復号し，受信情報語を求めよ。ただし，S_2 の初期状態は 0 から始まるものとする。

解
① ブランチメトリックとして，受信語と符号語との間のハミング距離を計算し，トレリス図に記入する（**図 2.16**）。

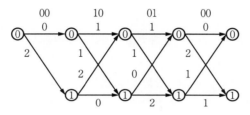

図 2.16　途中図 1

② 最終時点までパスメトリックを計算する（**図 2.17**）。

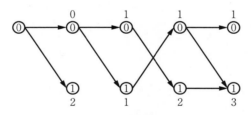

図 2.17　途中図 2

③ 不要なパスを削除する（**図 2.18**）。

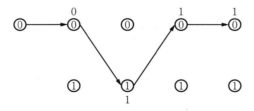

図 2.18　途中図 3

④ 生き残りパスに対応した受信情報語を求める。この図の場合，0, 1, 0, 0 である。　　◆

演習問題

【2.1】 表 2.6 に示すような発生確率の情報源符号について，以下の各問に答えよ。

（1） ハフマン符号化せよ。

（2） ハフマン符号化したときの平均符号長を求めよ。

表 2.6　情報源符号

情報源符号	発生確率
00	0.45
01	0.3
10	0.15
11	0.1

【2.2】 図 2.19 に示すような畳込み符号器を用いて送信された信号の受信信号系列が

　　　　1, 1, 0, 1, 0, 1, 1, 1, 0, 1

であったとき，ビタビ復号し，受信情報語を求めよ。ただし，S_2 の初期状態は 0 から
はじまるものとする。

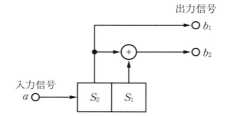

図 2.19　畳込み符号器

【2.3】 1.3.2 項で紹介した (7, 4) ハミング符号は，4 ビットの情報ビットに対し 3 ビットの
検査ビットを付加して送信し，受信側では 1 ビットの誤りを訂正することができる。
(7, 4) ハミング符号で符号化を行い，通信路を経由して受信されたとき，誤り訂正後
の平均ビット誤り率を求めよ。ただし，通信路では平均ビット誤り率が p であるラン
ダム誤りが発生するものとし，$p \ll 1$ とする。

3

フーリエ級数・フーリエ変換

　フーリエ級数・フーリエ変換は，通信工学，ディジタル信号処理，量子力学，電子物性など，電気・通信・電子工学分野における重要な数学的ツールである。フーリエ級数・フーリエ変換について，角周波数（ω）を用いて表している書が多いが，本書では，周波数（f）を用いて表す。これは以下の理由による。

　① 通信システムでは，周波数が広く利用される重要なパラメータである。

　② 角周波数を用いるフーリエ変換の場合には，フーリエ変換またはフーリエ逆変換に $1/2\pi$，あるいは双方に $1/\sqrt{2\pi}$ という係数を付けるという，複数の異なる定義が存在する。したがって，その都度，定義を確認しなければならないが，周波数を用いる場合のフーリエ変換では，このような係数を付ける必要がない。

　本章では，まずフーリエ級数について述べたのちに，フーリエ変換について述べる。なお，数学的に厳密な議論を行うときには，フーリエ級数展開やフーリエ変換を行う際に，絶対積分可能である[†1]か，区分的になめらかである[†2]かについて調べる必要があるが，本書では，そのような厳密な議論には立ち入らない。

3.1　フ ー リ エ 級 数

　周期 T を持つ関数 $g(t)$ を有限な時間区間 $\left[-\dfrac{T}{2}, \dfrac{T}{2}\right]$ で切り取ったとき，$g(t)$ は三角関数を用いて，式 (3.1) のように展開することができる。

$$g(t) = a_0 + \sum_{n=1}^{+\infty}\left\{a_n \cos\left(\frac{2n\pi}{T}t\right) + b_n \sin\left(\frac{2n\pi}{T}t\right)\right\} \tag{3.1}$$

ただし，$|t| \leq \dfrac{T}{2}$ である。

　ここで，a_0，a_n，b_n は式 (3.2) ～ (3.4) で表すことができる。

$$a_0 = \frac{1}{T}\int_{-\frac{T}{2}}^{\frac{T}{2}} g(t)dt \tag{3.2}$$

$$a_n = \frac{2}{T}\int_{-\frac{T}{2}}^{\frac{T}{2}} g(t)\cos\left(\frac{2n\pi}{T}t\right)dt \quad (n = 1, 2, \cdots) \tag{3.3}$$

---

†1　区間 $[a, b]$ で定義された関数 $f(x)$ に対して，$\displaystyle\int_a^b |f(x)|dx < +\infty$ であるとき，$f(x)$ はその区間 $[a, b]$ で絶対積分可能であるという。

†2　区間 $[a, b]$ で高々有限個しか不連続点を持たず，その不連続点を除いて連続な関数 $f(x)$ が，各不連続点 x_i においては，右側極限 $f(x_i+0) \equiv \lim_{h \to +0} f(x_i+h)$ と左側極限 $f(x_i-0) \equiv \lim_{h \to +0} f(x_i-h)$ が存在し，かつ $f(a+0)$ と $f(b-0)$ が存在するとき，関数 $f(x)$ は $[a, b]$ で区分的に連続であるといい，$f(x)$ の導関数 $f'(x)$ が $[a, b]$ で区分的に連続であるとき，$f(x)$ は $[a, b]$ で区分的になめらかであるという。

$$b_n = \frac{2}{T}\int_{-\frac{T}{2}}^{\frac{T}{2}} g(t)\sin\left(\frac{2n\pi}{T}t\right)dt \quad (n=1,2,\cdots) \tag{3.4}$$

式 (3.1) の右辺を**フーリエ級数**，このように展開することを**フーリエ級数展開**，a_0，a_n，b_n を**フーリエ係数**と呼ぶ。

〔例題 3.1〕

　図 3.1 に示すような，周期 T を持ち，時間区間 $\left[-\frac{T}{2},\frac{T}{2}\right]$ において $g(t)=|t|$ で定義される関数 $g(t)$ を，三角関数を用いてフーリエ級数展開せよ。

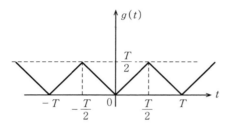

図 3.1　$g(t)$ の波形

解

式 (3.2) より

$$a_0 = \frac{1}{T}\int_{-\frac{T}{2}}^{\frac{T}{2}}|t|dt = \frac{1}{T}\left\{\int_{-\frac{T}{2}}^{0}(-t)dt + \int_0^{\frac{T}{2}}tdt\right\} = \frac{2}{T}\int_0^{\frac{T}{2}}tdt$$

$$= \frac{2}{T}\left[\frac{t^2}{2}\right]_0^{\frac{T}{2}} = \frac{T}{4} \tag{3.5}$$

式 (3.3) より

$$a_n = \frac{2}{T}\int_{-\frac{T}{2}}^{\frac{T}{2}}|t|\cos\left(\frac{2n\pi}{T}t\right)dt = \frac{4}{T}\int_0^{\frac{T}{2}}t\cos\left(\frac{2n\pi}{T}t\right)dt$$

$$= \frac{4}{T}\left\{\frac{T}{2n\pi}\left[t\sin\left(\frac{2n\pi}{T}t\right)\right]_0^{\frac{T}{2}} - \frac{T}{2n\pi}\int_0^{\frac{T}{2}}\sin\left(\frac{2n\pi}{T}t\right)dt\right\}$$

$$= \frac{4}{T}\left(\frac{T}{2n\pi}\right)^2\left[\cos\left(\frac{2n\pi}{T}t\right)\right]_0^{\frac{T}{2}} = \frac{T}{(n\pi)^2}\{\cos(n\pi)-1\} \tag{3.6}$$

したがって

$$n=2m-1 \quad (m=1,2,3\cdots) \text{ のとき，} a_n=a_{2m-1}=-\frac{2T}{\{(2m-1)\pi\}^2} \tag{3.7}$$

$$n=2m \quad (m=1,2,3\cdots) \text{ のとき，} a_n=a_{2m}=0 \tag{3.8}$$

式 (3.4) より

$$b_n = \frac{2}{T}\int_{-\frac{T}{2}}^{\frac{T}{2}}|t|\sin\left(\frac{2n\pi}{T}t\right)dt = 0 \tag{3.9}$$

以上より

$$g(t)=\frac{T}{4}-\sum_{n=1}^{+\infty}\frac{2T}{\{(2n-1)\pi\}^2}\cos\left(\frac{2(2n-1)\pi}{T}t\right) \tag{3.10}$$

ここで，**基本周波数** $f_0=\dfrac{1}{T}$ とすると，式 (3.10) は式 (3.11) のようになる。

$$g(t)=\frac{1}{4f_0}-\sum_{n=1}^{+\infty}\frac{2}{\{(2n-1)\pi\}^2 f_0}\cos\left(2\pi(2n-1)f_0 t\right) \tag{3.11}$$

上式より，$g(t)$ は，$0, f_0, 3f_0, 5f_0, \cdots, (2n-1)f_0, \cdots$ の周波数成分を持つことがわかる。　　◆

式 (3.1) ～ (3.4) について，f_0 を用いて表せば以下のようになる。

$$g(t)=a_0+\sum_{n=1}^{+\infty}\{a_n\cos\left(2\pi n f_0 t\right)+b_n\sin\left(2\pi n f_0 t\right)\}\quad\left(|t|\le\frac{1}{2f_0}\right) \tag{3.12}$$

ここで

$$a_0=f_0\int_{-\frac{1}{2f_0}}^{\frac{1}{2f_0}}g(t)dt \tag{3.13}$$

$$a_n=2f_0\int_{-\frac{1}{2f_0}}^{\frac{1}{2f_0}}g(t)\cos\left(2\pi n f_0 t\right)dt\quad(n=1,2,\cdots) \tag{3.14}$$

$$b_n=2f_0\int_{-\frac{1}{2f_0}}^{\frac{1}{2f_0}}g(t)\sin\left(2\pi n f_0 t\right)dt\quad(n=1,2,\cdots) \tag{3.15}$$

これらの式より，周期 T を持つ関数 $g(t)$ は ① □ の整数倍の周波数成分を持つことがわかる。

式 (1.27) のオイラーの公式によると，指数関数は ② □ の和で表される。したがって，指数関数を用いることにより，次式のように複素数形のフーリエ級数展開を行うことができる。

$$g(t)=\sum_{n=-\infty}^{+\infty}G_n\exp\left(j\frac{2n\pi}{T}t\right)\quad\left(|t|\le\frac{T}{2}\right) \tag{3.16}$$

ここで，G_n は次式で表される。

$$G_n=\frac{1}{T}\int_{-\frac{T}{2}}^{\frac{T}{2}}g(t)\exp\left(-j\frac{2n\pi}{T}t\right)dt \tag{3.17}$$

$g(t)$ を実関数とすると，式 (3.1) と式 (3.16) の関係は以下のように求めることができる。式 (3.17) より，以下の式が得られる。

$$G_0=\frac{1}{T}\int_{-\frac{T}{2}}^{\frac{T}{2}}g(t)dt \tag{3.18}$$

$$G_n=\frac{1}{T}\int_{-\frac{T}{2}}^{\frac{T}{2}}g(t)\exp\left(-j\frac{2n\pi}{T}t\right)dt$$

$$=\frac{1}{T}\int_{-\frac{T}{2}}^{\frac{T}{2}}g(t)\cos\left(\frac{2n\pi}{T}t\right)dt+\frac{j}{T}\int_{-\frac{T}{2}}^{\frac{T}{2}}g(t)\sin\left(\frac{2n\pi}{T}t\right)dt \tag{3.19}$$

$$G_{-n}=\frac{1}{T}\int_{-\frac{T}{2}}^{\frac{T}{2}}g(t)\cos\left(\frac{2n\pi}{T}t\right)dt-\frac{j}{T}\int_{-\frac{T}{2}}^{\frac{T}{2}}g(t)\sin\left(\frac{2n\pi}{T}t\right)dt \tag{3.20}$$

したがって

$$G_0 = \mathrm{Re}[G_0] \tag{3.21}$$

$$\mathrm{Im}[G_0] = 0 \tag{3.22}$$

$$\mathrm{Re}[G_{-n}] = \mathrm{Re}[G_n] \tag{3.23}$$

$$\mathrm{Im}[G_{-n}] = -\mathrm{Im}[G_n] \tag{3.24}$$

式 (3.16) に式 (1.27) のオイラーの公式を適用すると

$$
\begin{aligned}
g(t) &= \sum_{n=-\infty}^{+\infty} G_n \exp\left(j\frac{2n\pi}{T}t\right) \\
&= \sum_{n=-\infty}^{+\infty} \mathrm{Re}[G_n]\cos\left(\frac{2n\pi}{T}t\right) + j\sum_{n=-\infty}^{+\infty} j\,\mathrm{Im}[G_n]\sin\left(\frac{2n\pi}{T}t\right) \\
&= \sum_{n=-\infty}^{-1} \mathrm{Re}[G_n]\cos\left(\frac{2n\pi}{T}t\right) + \mathrm{Re}[G_0]\cos 0 + \sum_{n=1}^{+\infty}\mathrm{Re}[G_n]\cos\left(\frac{2n\pi}{T}t\right) \\
&\quad - \left\{ \sum_{n=-\infty}^{-1}\mathrm{Im}[G_n]\sin\left(\frac{2n\pi}{T}t\right) + \mathrm{Im}[G_0]\sin 0 + \sum_{n=1}^{+\infty}\mathrm{Im}[G_n]\sin\left(\frac{2n\pi}{T}t\right)\right\}
\end{aligned} \tag{3.25}
$$

式 (3.25) に，式 (3.21)，(3.22) を代入し，$n'=-n$ とすると

$$
\begin{aligned}
g(t) &= G_0 + \sum_{n'=1}^{+\infty}\mathrm{Re}[G_{-n'}]\cos\left(-\frac{2n'\pi}{T}t\right) + \sum_{n=1}^{+\infty}\mathrm{Re}[G_n]\cos\left(\frac{2n\pi}{T}t\right) \\
&\quad - \left\{ \sum_{n'=1}^{+\infty}\mathrm{Im}[G_{-n'}]\sin\left(-\frac{2n'\pi}{T}t\right) + \sum_{n=1}^{+\infty}\mathrm{Im}[G_n]\sin\left(\frac{2n\pi}{T}t\right)\right\}
\end{aligned} \tag{3.26}
$$

式 (3.26) に，式 (3.23)，(3.24) を代入すると

$$g(t) = G_0 + 2\sum_{n=1}^{+\infty}\left\{\mathrm{Re}[G_n]\cos\left(\frac{2n\pi}{T}t\right) - \mathrm{Im}[G_n]\sin\left(\frac{2n\pi}{T}t\right)\right\} \tag{3.27}$$

式 (3.27) と式 (3.1) を比較すれば，以下の式が得られる。

$$G_0 = a_0 \tag{3.28}$$

$$\mathrm{Re}[G_n] = \frac{a_n}{2} \tag{3.29}$$

$$\mathrm{Im}[G_n] = -\frac{b_n}{2} \tag{3.30}$$

〔例題 3.2〕
図 3.2 のように周期 T を持ち，時間区間 $[-\frac{T}{2}, \frac{T}{2}]$ において

$$g(t) = \begin{cases} -1 & \left(-\frac{T}{2} \leq t < 0\right) \\ 1 & \left(0 \leq t < \frac{T}{2}\right) \end{cases}$$

で定義される関数 $g(t)$ を複素数形フーリエ級数展開せよ。

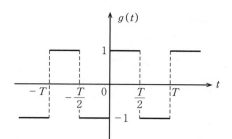

図 3.2　$g(t)$ の波形

解

式 (3.17) より

・ $n=0$ のとき

$$G_0=\frac{1}{T}\int_{-\frac{T}{2}}^{\frac{T}{2}}g(t)dt=\frac{1}{T}\left(-\int_{-\frac{T}{2}}^{0}1dt+\int_{0}^{\frac{T}{2}}1dt\right)$$

$$=\frac{1}{T}\left(-[t]_{-\frac{T}{2}}^{0}+[t]_{0}^{\frac{T}{2}}\right)=0 \tag{3.31}$$

・ $n\neq0$ のとき

$$G_n=\frac{1}{T}\int_{-\frac{T}{2}}^{\frac{T}{2}}g(t)\exp\left(-j\frac{2n\pi}{T}t\right)dt$$

$$=-\frac{1}{T}\int_{-\frac{T}{2}}^{0}\exp\left(-j\frac{2n\pi}{T}t\right)dt+\frac{1}{T}\int_{0}^{\frac{T}{2}}\exp\left(-j\frac{2n\pi}{T}t\right)dt$$

$$=-\frac{1}{T}\left[-\frac{T}{j2n\pi}\exp\left(-j\frac{2n\pi}{T}t\right)\right]_{-\frac{T}{2}}^{0}+\frac{1}{T}\left[-\frac{T}{j2n\pi}\exp\left(-j\frac{2n\pi}{T}t\right)\right]_{0}^{\frac{T}{2}}$$

$$=\frac{1}{j2n\pi}\left\{2-\exp(jn\pi)-\exp(-jn\pi)\right\}=j\frac{\cos n\pi-1}{n\pi} \tag{3.32}$$

したがって

$$g(t)=\sum_{n=-\infty}^{+\infty}G_n\exp\left(j\frac{2n\pi}{T}t\right)$$

$$=\sum_{n=-\infty}^{+\infty}j\frac{\cos n\pi-1}{n\pi}\exp\left(j\frac{2n\pi}{T}t\right) \tag{3.33}$$

ここで，基本周波数 $f_0=\dfrac{1}{T}$ とすると，式 (3.33) は次式のようになる。

$$g(t)=\sum_{n=-\infty}^{+\infty}j\frac{\cos n\pi-1}{n\pi}\exp(j2\pi nf_0t) \tag{3.34}$$

ところで

$n=2m-1$　$(m=1,2,3\cdots)$ のとき，$\cos n\pi=-1$ より，$G_n=-j\dfrac{2}{n\pi}=-j\dfrac{2}{(2m-1)\pi}$

$n=2m$　$(m=0,1,2,3\cdots)$ のとき，$\cos n\pi=1$ より，$G_n=0$

したがって，$g(t)$ は，$\pm f_0,\ \pm3f_0,\ \pm5f_0,\ \cdots,\ \pm(2n-1)f_0,\ \cdots$ の周波数成分を持っている。この

ように, 指数フーリエ級数展開を行うと, マイナスの周波数成分も持つことがわかる。   ◆

通信システムにおいて利用される信号は電気信号で表されることが多く, 本項で議論された関数 $g(t)$ が電圧信号〔V〕を表すとすると, $1\,\Omega$ の抵抗を仮定すれば, $g(t)$ の平均電力 P 〔W〕は次式で表される。

$$P = \frac{1}{T}\int_{-\frac{T}{2}}^{\frac{T}{2}} |g(t)|^2 dt \tag{3.35}$$

式 (3.16) を代入すると

$$P = \frac{1}{T}\int_{-\frac{T}{2}}^{\frac{T}{2}} \left\{ \sum_{n=-\infty}^{+\infty} G_n \exp\left(j\frac{2n\pi}{T}t\right) \right\}\left\{ \sum_{n'=-\infty}^{+\infty} G_{n'}^* \exp\left(-j\frac{2n'\pi}{T}t\right) \right\} dt \tag{3.36}$$

ここで, 次式が成り立つ。

$$\frac{1}{T}\int_{-\frac{T}{2}}^{\frac{T}{2}} \exp\left(j\frac{2(n-n')\pi}{T}t\right) dt = \begin{cases} 1 & (n=n') \\ 0 & (n \neq n') \end{cases} \tag{3.37}$$

したがって

$$P = \sum_{n=-\infty}^{+\infty} |G_n|^2 \tag{3.38}$$

ここで, 式 (3.23) ~ (3.24) より, $G_{-n} = G_n^*$ であるので, $|G_{-n}|^2 = |G_n|^2$ となるから

$$P = |G_0|^2 + 2\sum_{n=1}^{+\infty} |G_n|^2 \tag{3.39}$$

ただし, $|G_n|^2$ は周波数 nf_0 の電力である。

 # 3.2 フーリエ変換

前節では周期関数について考えたが, 本節では非周期関数に拡張することを考える。それには, 前節において, $T \to \infty$ の極限について考えればよい。図 3.3 に示すように, 数列 $f \equiv nf_0$ (ただし, $n = -\infty, \cdots, -1, 0, 1, 2, \cdots, +\infty$) を変数とする関数 $G(f) \equiv \dfrac{G_n}{f_0}$ を考える。f は間隔 f_0 で離散的な値をとるが, $T = \dfrac{1}{f_0} \to \infty$ の極限 (すなわち $f_0 \to 0$ の極限) について考えれば, f は連続値をとりうることになり, 式 (3.17) より $G(f)$ は次式で表される。

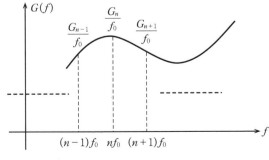

図 3.3　$G(f)$

$$G(f) = \lim_{T \to \infty} TG_n = \lim_{T \to \infty} \int_{-\frac{T}{2}}^{\frac{T}{2}} g(t) \exp(-j2\pi n f_0 t) dt$$

$$= \int_{-\infty}^{\infty} g(t) \exp(-j2\pi f t) dt \tag{3.40}$$

一方，式 (3.16) は以下のように変形することができる。

$$g(t) = \lim_{T \to \infty} \sum_{n=-\infty}^{+\infty} G_n \exp(j2\pi n f_0 t)$$

$$= \lim_{T \to \infty} \sum_{n=-\infty}^{+\infty} \frac{G_n}{f_0} \{\exp(j2\pi n f_0 t)\} f_0 \tag{3.41}$$

ここで，$\dfrac{G_n}{f_0} \{\exp(j2\pi n f_0 t)\}$ は $G(f) \exp(j2\pi f t)$ と書き換えることができるので，式 (3.41) の級数は積分に書き換えることができる。すなわち

$$g(t) = \int_{-\infty}^{\infty} G(f) \exp(j2\pi f t) df \tag{3.42}$$

以上より，非周期関数 $g(t)$ のフーリエ変換対はつぎのように表される。

$$g(t) = \int_{-\infty}^{\infty} G(f) \exp(j2\pi f t) df$$

$$G(f) = \int_{-\infty}^{\infty} g(t) \exp(-j2\pi f t) dt \tag{3.43}$$

ただし，$G(f)$ は $g(t)$ のフーリエ変換であり，$g(t)$ の**周波数スペクトル密度**である。一方，$g(t)$ は $G(f)$ の逆フーリエ変換である。$g(t)$ のフーリエ変換を $\mathcal{F}[g(t)]$，$G(f)$ の逆フーリエ変換を $\mathcal{F}^{-1}[G(f)]$ と表記するときもある。

〔例題 3.3〕

図 3.4 のような面積 1 の**孤立矩形パルス** $g(t)$ のフーリエ変換 $\mathcal{F}[g(t)] = G(f)$ を求めよ。

$$g(t) = \begin{cases} \dfrac{1}{\tau} & \left(|t| \le \dfrac{\tau}{2}\right) \\ 0 & \left(|t| > \dfrac{\tau}{2}\right) \end{cases}$$

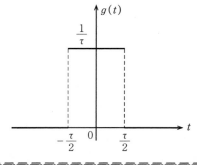

図 3.4 孤立矩形パルス $g(t)$

解

$$G(f) = \int_{-\infty}^{\infty} g(t) \exp(-j2\pi f t) dt = \int_{-\frac{\tau}{2}}^{\frac{\tau}{2}} \frac{1}{\tau} \exp(-j2\pi f t) dt$$

$$= \left[-\frac{1}{j2\pi f\tau} \exp\left(-j2\pi ft\right) \right]_{-\frac{\tau}{2}}^{\frac{\tau}{2}}$$

$$= \frac{-\exp\left(-j\pi f\tau\right) + \exp\left(j\pi f\tau\right)}{j2\pi f\tau} = \frac{\sin \pi f\tau}{\pi f\tau} \tag{3.44}$$

$G(f)$ のグラフは**図3.5**のようになる。

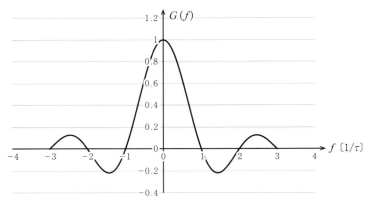

図 3.5　$G(f)$

◆

例題 3.3 において，$\lim_{\tau \to 0} g(t) = \delta(t)$ を**インパルス関数**あるいは**デルタ関数**と呼ぶ。ここで，$\delta(t)$ は以下の性質を有する。

$$\delta(t) = \begin{cases} \infty & (t=0) \\ 0 & (t \neq 0) \end{cases} \tag{3.45}$$

$$\int_{-\infty}^{\infty} \delta(t)dt = 1 \tag{3.46}$$

$$\int_{-\infty}^{\infty} f(t)\delta(t-a)dt = f(a) \tag{3.47}$$

つぎに，インパルス関数のフーリエ変換について考える。$g(t) = \delta(t)$ とすると

$$G(f) = \int_{-\infty}^{\infty} \delta(t) \exp\left(-j2\pi ft\right)dt = 1 \tag{3.48}$$

したがって，$g(t)$ のフーリエ変換を $\mathcal{F}[g(t)]$ と表すことにすると，次式が得られる。

$$\mathcal{F}[\delta(t)] = 1 \tag{3.49}$$

さらに，インパルス関数の逆フーリエ変換について考える。$G(f) = \delta(f)$ とすると

$$g(t) = \int_{-\infty}^{\infty} \delta(f) \exp\left(j2\pi ft\right)df = 1 \tag{3.50}$$

したがって

$$\mathcal{F}[1] = \delta(f) \tag{3.51}$$

$g(t) = \exp\left(j2\pi f_0 t\right)$ のとき

$$G(f) = \int_{-\infty}^{\infty} g(t) \exp\left(-j2\pi ft\right)dt$$

$$= \int_{-\infty}^{\infty} \exp\,(j2\pi f_0 t)\,\exp\,(-j2\pi f t)dt$$

$$= \int_{-\infty}^{\infty} \exp\,(-j2\pi(f-f_0)t)dt \tag{3.52}$$

ここで，$f-f_0=f'$ とおくと

$$G(f) = \int_{-\infty}^{\infty} \exp\,(-j2\pi f't)dt \tag{3.53}$$

式 (3.51) より，$\int_{-\infty}^{\infty}\exp\,(-j2\pi ft)dt = \delta(f)$ であるから

$$G(f) = \int_{-\infty}^{\infty} \exp\,(-j2\pi f't)dt$$

$$= \delta(f') = \delta(f-f_0) \tag{3.54}$$

したがって

$$\mathcal{F}[\exp\,(j2\pi f_0 t)] = \delta(f-f_0) \tag{3.55}$$

$g(t) = \cos 2\pi f_0 t$ のとき

$$G(f) = \int_{-\infty}^{\infty} g(t)\exp\,(-j2\pi ft)dt$$

$$= \int_{-\infty}^{\infty} \cos\,(2\pi f_0 t)\exp\,(-j2\pi ft)dt$$

$$= \int_{-\infty}^{\infty} \frac{\exp\,(j2\pi f_0 t)+\exp\,(-j2\pi f_0 t)}{2}\exp\,(-j2\pi ft)dt$$

$$= \frac{1}{2}\int_{-\infty}^{\infty} \{\exp\,(-j2\pi(f-f_0)t)+\exp\,(-j2\pi(f+f_0)t)\}dt$$

$$= \frac{\delta(f-f_0)+\delta(f+f_0)}{2} \tag{3.56}$$

ところで，$g(t)$ のエネルギー E は次式で表される。

$$E = \int_{-\infty}^{\infty} |g(t)|^2 dt \tag{3.57}$$

式 (3.43) より

$$E = \int_{-\infty}^{\infty} \left\{\int_{-\infty}^{\infty} G(f)\exp\,(j2\pi ft)df\right\}\left\{\int_{-\infty}^{\infty} G^*(f')\exp\,(-j2\pi f't)df'\right\}dt$$

$$= \int_{-\infty}^{\infty}\int_{-\infty}^{\infty}\int_{-\infty}^{\infty} G(f)G^*(f')\exp\,(j2\pi(f-f')t)dt\,df\,df' \tag{3.58}$$

ここで，式 (3.55) より

$$E = \int_{-\infty}^{\infty}\int_{-\infty}^{\infty} G(f)G^*(f')\delta(f-f')df df' = \int_{-\infty}^{\infty} |G(f)|^2 df \tag{3.59}$$

ここで，$|G(f)|^2$ を**エネルギースペクトル密度**と呼ぶ。以上より，式 (3.57) によって時間領域で求められるエネルギーと，式 (3.59) によって周波数領域で求められるエネルギーが一致していることがわかる。

〔**例題 3.4**〕

図 3.6 に示す $g(t)$ のフーリエ変換 $\mathcal{F}[g(t)] = G(f)$ を求めよ。

$$g(t) = \begin{cases} 1 - |t| & (|t| \leq 1) \\ 0 & (|t| > 1) \end{cases}$$

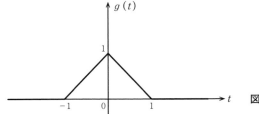

図 3.6　$g(t)$ の波形

解

$$G(f) = \int_{-\infty}^{\infty} g(t) e^{-j2\pi ft} dt = \int_{-1}^{0} (1+t) e^{-j2\pi ft} dt + \int_{0}^{1} (1-t) e^{-j2\pi ft} dt$$

$$= \left[\left(-\frac{1+t}{j2\pi f} \right) e^{-j2\pi ft} \right]_{-1}^{0} + \int_{-1}^{0} \frac{e^{-j2\pi ft}}{j2\pi f} dt + \left[\left(-\frac{1-t}{j2\pi f} \right) e^{-j2\pi ft} \right]_{0}^{1} - \int_{0}^{1} \frac{e^{-j2\pi ft}}{j2\pi f} dt$$

$$= \left[\frac{e^{-j2\pi ft}}{4\pi^2 f^2} \right]_{-1}^{0} - \left[\frac{e^{-j2\pi ft}}{4\pi^2 f^2} \right]_{0}^{1} = \frac{1}{4\pi^2 f^2} (2 - 2\cos 2\pi f) = \left(\frac{\sin \pi f}{\pi f} \right)^2 \qquad (3.60)$$

◆

 ## 3.3　フーリエ変換の性質

3.3.1　偶関数と奇関数

実関数 $g(t)$ が偶関数のとき，フーリエ変換 $G(f)$ も実関数であり，偶関数である。実関数 $g(t)$ が奇関数のとき，フーリエ変換 $G(f)$ は虚部のみの関数であり，奇関数である。この性質は以下のように証明することができる。

$$G(f) = \int_{-\infty}^{\infty} g(t) \exp(-j2\pi ft) dt$$

$$= \int_{-\infty}^{\infty} g(t)\{\cos 2\pi ft - j\sin 2\pi ft\} dt$$

$$= \int_{-\infty}^{\infty} \{g(t)\cos 2\pi ft - jg(t)\sin 2\pi ft\} dt$$

$$= \int_{0}^{\infty} \{g(t)\cos 2\pi ft - jg(t)\sin 2\pi ft\} dt + \int_{-\infty}^{0} \{g(t)\cos 2\pi ft - jg(t)\sin 2\pi ft\} dt \qquad (3.61)$$

$t = -t'$ とおくと，$dt = -dt'$ であるから

$$G(f) = \int_{0}^{\infty} \{g(t)\cos 2\pi ft - jg(t)\sin 2\pi ft\} dt - \int_{\infty}^{0} \{g(-t')\cos 2\pi ft' + jg(-t')\sin 2\pi ft'\} dt'$$

$$= \int_0^\infty \{g(t) \cos 2\pi ft - jg(t) \sin 2\pi ft\} dt + \int_0^\infty \{g(-t') \cos 2\pi ft' + jg(-t') \sin 2\pi ft'\} dt'$$

$$= \int_0^\infty \{g(t) + g(-t)\} \cos 2\pi ft dt - j \int_0^\infty \{g(t) - g(-t)\} \sin 2\pi ft dt \qquad (3.62)$$

$g(t)$ が偶関数のとき，$g(-t) = g(t)$ であるので

$$G(f) = 2 \int_0^\infty g(t) \cos 2\pi ft dt \qquad (3.63)$$

$$G(-f) = 2 \int_0^\infty g(t) \cos (-2\pi ft) dt = 2 \int_0^\infty g(t) \cos (2\pi ft) dt = G(f) \qquad (3.64)$$

$g(t)$ が奇関数のとき，$g(-t) = -g(t)$ であるので

$$G(f) = -j2 \int_0^\infty g(t) \sin 2\pi ft dt \qquad (3.65)$$

$$G(-f) = -j2 \int_0^\infty g(t) \sin (-2\pi ft) dt = j2 \int_0^\infty g(t) \sin (2\pi ft) dt = -G(f) \qquad (3.66)$$

3.3.2 双　対　性

双対とは，二つの事象間でたがいに対になっている関係のことをいう。例えば，式 (3.42) の $g(t)$ と $G(f)$ を入れ替え，$\exp(j2\pi ft)df$ を $\exp(-j2\pi ft)dt$ に変えれば式 (3.43) になる。フーリエ変換における**双対性**とは，$\mathcal{F}[g(t)] = G(f)$ とすると，$\mathcal{F}[G(t)] = g(-f)$ となることをいう。この性質は以下のように証明される。

$g(t) = \int_{-\infty}^\infty G(f) \exp(j2\pi ft)df$ において，f を t に，t を $-f$ に書き換えると

$$g(-f) = \int_{-\infty}^\infty G(t) \exp(-j2\pi ft)dt \qquad (3.67)$$

3.3.3 縮　尺　性

縮尺とは，一般にある物の形を模した物の縮小比率（模した物の 1 辺の長さと実物の 1 辺の長さの比）のことをいうが，フーリエ変換における**縮尺性**とは，$\mathcal{F}[g(t)] = G(f)$ とすると，$\mathcal{F}[|\alpha|g(\alpha t)] = G\left(\dfrac{f}{\alpha}\right)$ となることをいう（ただし，$\alpha \neq 0$）。この性質は以下のように証明することができる。

$G(f) = \int_{-\infty}^\infty g(t) \exp(-j2\pi ft)dt$ であるので

・$\alpha > 0$ のとき

$\mathcal{F}[|\alpha|g(\alpha t)] = \int_{-\infty}^\infty \alpha g(\alpha t) \exp(-j2\pi ft)dt$ において，$\alpha t = t'$ とおくと $\alpha dt = dt'$ であり

$$\mathcal{F}[|\alpha|g(\alpha t)] = \int_{-\infty}^\infty \alpha g(t') \exp\left(-j2\pi f \frac{t'}{\alpha}\right) \frac{1}{\alpha} dt'$$

$$= \int_{-\infty}^\infty g(t') \exp\left(-j2\pi \frac{f}{\alpha} t'\right) dt' = G\left(\frac{f}{\alpha}\right) \qquad (3.68)$$

・$\alpha < 0$ のとき

$\mathcal{F}[|\alpha|g(\alpha t)] = -\int_{-\infty}^{\infty} \alpha g(\alpha t) \exp(-j2\pi ft)dt$ において，$\alpha t = t'$ とおくと $\alpha dt = dt'$ であり

$$\mathcal{F}[|\alpha|g(\alpha t)] = -\int_{\infty}^{-\infty} \alpha g(t') \exp\left(-j2\pi f \frac{t'}{\alpha}\right) \frac{1}{\alpha} dt'$$

$$= \int_{-\infty}^{\infty} g(t') \exp\left(-j2\pi \frac{f}{\alpha} t'\right) dt' = G\left(\frac{f}{\alpha}\right) \tag{3.69}$$

3.3.4 時 間 シ フ ト

$g(t)$ を**時間シフト**させた $g(t-t_0)$ のフーリエ変換に関する性質である。$\mathcal{F}[g(t)] = G(f)$ とすると，$\mathcal{F}[g(t-t_0)] = G(f) \exp(-j2\pi ft_0)$ となる。この性質は以下のように証明することができる。

$$\mathcal{F}[g(t-t_0)] = \int_{-\infty}^{\infty} g(t-t_0) \exp(-j2\pi ft)dt \tag{3.70}$$

$t - t_0 = t'$ とおくと

$$\mathcal{F}[g(t-t_0)] = \int_{-\infty}^{\infty} g(t') \exp(-j2\pi f(t' + t_0))dt'$$

$$= \exp(-j2\pi ft_0) \int_{-\infty}^{\infty} g(t') \exp(-j2\pi ft')dt'$$

$$= G(f) \exp(-j2\pi ft_0) \tag{3.71}$$

3.3.5 周 波 数 シ フ ト

$G(t)$ を**周波数シフト**させた $G(f - f_0)$ に関する性質である。$\mathcal{F}[g(t)] = G(f)$ とすると，$\mathcal{F}[g(t) \exp(j2\pi f_0 t)] = G(f - f_0)$ となる。この性質は以下のように証明することができる。

$$\mathcal{F}[g(t) \exp(j2\pi f_0 t)] = \int_{-\infty}^{\infty} g(t) \exp(j2\pi f_0 t) \exp(-j2\pi ft)dt$$

$$= \int_{-\infty}^{\infty} g(t) \exp(-j2\pi(f - f_0)t)dt$$

$$= G(f - f_0) \tag{3.72}$$

3.3.6 微   分

$g(t)$ の微分 $\dfrac{dg(t)}{dt}$ のフーリエ変換に関する性質である。$\mathcal{F}[g(t)] = G(f)$ とすると，$\mathcal{F}\left[\dfrac{dg(t)}{dt}\right] = j2\pi f G(f)$ である。この性質は以下のように証明することができる。

式 (3.42) の両辺を t で微分すると

$$\frac{dg(t)}{dt} = \frac{d}{dt} \int_{-\infty}^{\infty} G(f) \exp(j2\pi ft)df$$

$$= \int_{-\infty}^{\infty} G(f) \frac{d}{dt} \exp(j2\pi ft)df$$

$$= \int_{-\infty}^{\infty} G(f)j2\pi f \exp(j2\pi ft)df \tag{3.73}$$

3.3.7 積　　　　分

$g(t)$ の積分 $\int_{-\infty}^{t} g(\tau)d\tau$ のフーリエ変換に関する性質である。$\mathcal{F}[g(t)]=G(f)$ とすると，

$\mathcal{F}\left[\int_{-\infty}^{t} g(\tau)d\tau\right]=\dfrac{G(f)}{j2\pi f}$ である。この性質は，以下のように証明することができる。

$x(t)=\int_{-\infty}^{t} g(\tau)d\tau,\ \mathcal{F}[x(t)]=X(f)$ とおくと，$\dfrac{dx(t)}{dt}=g(t)$ である。式 (3.73) を用いると

$$G(f)=\mathcal{F}[g(t)]=\mathcal{F}\left[\frac{dx(t)}{dt}\right]=j2\pi f X(f) \tag{3.74}$$

したがって

$$\mathcal{F}\left[\int_{-\infty}^{t} g(\tau)d\tau\right]=X(f)=\frac{G(f)}{j2\pi f} \tag{3.75}$$

3.3.8 畳　　込　　み

畳込み積分あるいは単に**畳込み**と呼ばれる，$g_1(t)\otimes g_2(t)=\int_{-\infty}^{\infty} g_1(\tau)g_2(t-\tau)d\tau$ のフーリエ変換についての性質である。$\mathcal{F}[g_1(t)]=G_1(f),\ \mathcal{F}[g_2(t)]=G_2(f)$ とすると，$\mathcal{F}[g_1(t)\otimes g_2(t)]=G_1(f)G_2(f)$ である。この性質は，時間シフトの性質を利用して以下のように証明することができる。

$$\mathcal{F}[g_1(t)\otimes g_2(t)]=\int_{-\infty}^{\infty}\left\{\int_{-\infty}^{\infty} g_1(\tau)g_2(t-\tau)d\tau\right\}\exp(-j2\pi ft)dt$$
$$=\int_{-\infty}^{\infty} g_1(\tau)\left\{\int_{-\infty}^{\infty} g_2(t-\tau)\exp(-j2\pi ft)dt\right\}d\tau \tag{3.76}$$

ここで，式 (3.71) より

$$\mathcal{F}[g_1(t)\otimes g_2(t)]=\int_{-\infty}^{\infty} g_1(\tau)\{G_2(f)\exp(-j2\pi f\tau)\}d\tau$$
$$=G_2(f)\int_{-\infty}^{\infty} g_1(\tau)\exp(-j2\pi f\tau)d\tau$$
$$=G_1(f)G_2(f) \tag{3.77}$$

演習問題

【3.1】　周期 T を持ち，時間区間 $\left[-\dfrac{T}{2},\dfrac{T}{2}\right]$ で

$$g(t)=\begin{cases}1 & \left(|t|<\dfrac{T}{4}\right)\\ 0 & \left(\dfrac{T}{4}\le|t|<\dfrac{T}{2}\right)\end{cases}$$

で定義される関数 $g(t)$ を複素数形フーリエ級数展開せよ。

【3.2】　$g(t)=\sin(2\pi f_0 t)$ のフーリエ変換，$G(f)=\int_{-\infty}^{\infty} g(t)\exp(-j2\pi ft)dt$ を求めよ。

【3.3】

$$g(t) = \begin{cases} \dfrac{1}{2\tau} & (|t| \leq \tau) \\ 0 & (|t| > \tau) \end{cases}$$

のフーリエ変換, $G(f) = \displaystyle\int_{-\infty}^{\infty} g(t) \exp(-j2\pi ft)dt$ を求めよ。

4

線形システム

いま，1 V の信号が送信され，通信路を経由して，1 mV で受信される通信路があるとする。
つぎに，この通信路に 10 V の信号が送信されれば，10 mV で受信される。すなわち，この通
信路を経由すると信号の大きさが 1/10 になる。このような，入力信号と出力信号の間に線形
な関係が成り立つシステムを**線形システム**と呼ぶ。**図 4.1** に線形システムの例を示す。① のよ
うに入力 $x_1(t)$ のときの出力が $y_1(t)$ であり，② のように入力 $x_2(t)$ のときの出力が $y_2(t)$ であれ
ば，入力 $ax_1(t)+bx_2(t)$ のときの出力は③ のように $ay_1(t)+by_2(t)$ となるのが線形システムであ
る。通信システムを構成する，**フィルタ**，増幅器などは線形システムで表すことができ，多く
の通信システムも線形システムで表される。本章ではこの線形システムについて述べる。

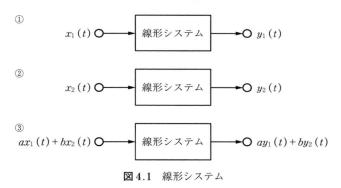

図 4.1　線形システム

4.1　インパルス応答と伝達関数

線形システムを周波数領域で表現するのが**伝達関数**である。

線形システムへの入力が $x(t)$ で出力が $y(t)$ であるとき，両者のフーリエ変換をそれぞれ
$X(f)$，$Y(f)$ とすると，伝達関数 $H(f)$ は次式で定義される。

$$H(f) = \frac{Y(f)}{X(f)} \tag{4.1}$$

図 4.2 に示すように，入力 $x(t)$ がインパルス関数であるときの出力 $y(t)$ がインパルス応答

$$x(t) = \delta(t) \qquad y(t) = h(t)$$
$$X(f) = 1 \qquad Y(f) = H(f)$$

線形システム

図 4.2　インパルス応答と伝達関数

$h(t)$ である。式 (3.48) より，インパルス関数 $\delta(t)$ のフーリエ変換は であるから，式 (4.1) より，$h(t)$ のフーリエ変換が $H(f)$ であることがわかる。すなわち，線形システムの時間領域表現がインパルス応答 $h(t)$ である。したがって，伝達関数 $H(f)$ とインパルス応答 $h(t)$ とは，以下の式に示すようにフーリエ変換対の関係にある。

$$h(t) = \int_{-\infty}^{\infty} H(f) \exp{(j2\pi ft)} df \tag{4.2}$$

$$H(f) = \int_{-\infty}^{\infty} h(t) \exp{(-j2\pi ft)} dt \tag{4.3}$$

4.2　複数の線形システムの縦続接続

　図 4.3 のように伝達関数 $H_1(f)$，インパルス応答 $h_1(t)$ の線形システム 1 と，伝達関数 $H_2(f)$，インパルス応答 $h_2(t)$ の線形システム 2 を縦続接続させたときの，総合の伝達関数 $H(f)$ とインパルス応答 $h(t)$ について考える。線形システム 1 への入力信号を $x(t)$，そのフーリエ変換を $X(f)$，線形システム 1 の出力信号であり，線形システム 2 への入力信号を $y_1(t)$，そのフーリエ変換を $Y_1(f)$ とすると，次式が成り立つ。

$$H_1(f) = \frac{Y_1(f)}{X(f)} \tag{4.4}$$

さらに，線形システム 2 の出力信号を $y_2(t)$，そのフーリエ変換を $Y_2(f)$ とすると，次式が成り立つ。

$$H_2(f) = \frac{Y_2(f)}{Y_1(f)} \tag{4.5}$$

一方，総合の伝達関数 $H(f)$ は次式で表される。

$$H(f) = \frac{Y_2(f)}{X(f)} \tag{4.6}$$

以上より，次式が成り立つ。

$$H(f) = \frac{Y_2(f)}{X(f)} = \frac{Y_1(f)}{X(f)} \cdot \frac{Y_2(f)}{Y_1(f)} = H_1(f) \cdot H_2(f) \tag{4.7}$$

伝達関数の逆フーリエ変換がインパルス応答であるので，次式も成り立つ。

$$h(t) = h_1(t) \otimes h_2(t) \tag{4.8}$$

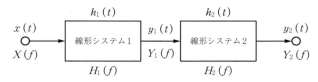

図 4.3　二つの線形システムの縦続接続

したがって，複数の線形システムを縦続接続したときの総合の伝達関数は，各線形システムの伝達関数の ② ☐ になり，総合のインパルス応答は各線形システムのインパルス応答の ③ ☐ になることがわかる。

　実際の通信システムは複数の線形システムが縦続接続された形で表されることが多い。例えば，送信機，通信路，受信機を線形システムとみなしたり，送信機内部のアンテナ，フィルタ，増幅器を線形システムとみなすことが多い。したがって，これらの線形システムを通過する信号について考えるとき，時間領域の表現では，畳込み積分を求めなければならないのに対し，④ ☐ で表現すれば，伝達関数の積を考えるだけでよい。このことからも，周波数領域表現の有用性が理解できるであろう。

4.3　理想低域通過フィルタ

理想低域通過フィルタは f_L 以上の周波数成分を通過させないフィルタである。その伝達関数 $H_{LPF}(f)$（ここで，LPF（low pass filter）は低域通過フィルタを示す）は次式で表される。

$$H_{LPF}(f) = \begin{cases} \exp(-j2\pi f t_0) & (|f| \leq f_L) \\ 0 & (|f| > f_L) \end{cases} \tag{4.9}$$

図 4.4 に $|H_{LPF}(f)|$ のグラフを示す。

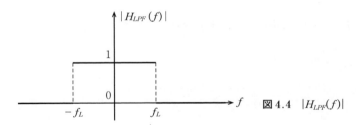

図 4.4　$|H_{LPF}(f)|$

インパルス応答 $h_{LPF}(t)$ は

$$
\begin{aligned}
h_{LPF}(t) &= \int_{-\infty}^{\infty} H_{LPF}(f) \exp(j2\pi f t) df \\
&= \int_{-f_L}^{f_L} \exp(-j2\pi f t_0) \exp(j2\pi f t) df \\
&= \int_{-f_L}^{f_L} \exp(j2\pi f(t-t_0)) df \\
&= \left[\frac{\exp(j2\pi f(t-t_0))}{j2\pi(t-t_0)} \right]_{-f_L}^{f_L}
\end{aligned}
$$

$$= \frac{\exp(j2\pi f_L(t-t_0)) - \exp(-j2\pi f_L(t-t_0))}{j2\pi(t-t_0)}$$

$$= 2f_L \frac{\sin 2\pi f_L(t-t_0)}{2\pi f_L(t-t_0)} \tag{4.10}$$

4.4　理想帯域通過フィルタ

理想帯域通過フィルタは f_L から f_H までの周波数成分のみを通過させるフィルタである。その伝達関数 $H_{BPF}(f)$（ここで，BPF（band pass filter）は帯域通過フィルタを示す）は次式で表される。

$$H_{BPF}(f) = \begin{cases} \exp(-j2\pi f t_0) & (f_L \le |f| \le f_H) \\ 0 & (0 \le |f| < f_L,\ f_H < |f|) \end{cases} \tag{4.11}$$

図 4.5 に $|H_{BPF}(f)|$ のグラフを示す。

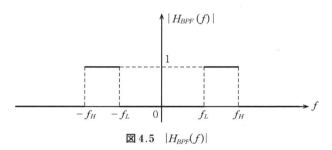

図 4.5　$|H_{BPF}(f)|$

インパルス応答 $h_{BPF}(t)$ は

$$h_{BPF}(t) = \int_{-f_H}^{-f_L} \exp(j2\pi f(t-t_0))df + \int_{f_L}^{f_H} \exp(j2\pi f(t-t_0))df$$

$$= 2\int_{f_L}^{f_H} \cos(2\pi f(t-t_0))df$$

$$= 2\frac{\sin(2\pi f_H(t-t_0)) - \sin(2\pi f_L(t-t_0))}{2\pi(t-t_0)} \tag{4.12}$$

ここで，$B = f_H - f_L$，$f_c = \frac{f_H + f_L}{2}$ とおくと

$$h_{BPF}(t) = 2\frac{\sin\left(2\pi\frac{2f_c+B}{2}(t-t_0)\right) - \sin\left(2\pi\frac{2f_c-B}{2}(t-t_0)\right)}{2\pi(t-t_0)}$$

$$= 2\frac{\left\{\begin{array}{l}\sin(2\pi f_c(t-t_0))\cos(\pi B(t-t_0)) + \cos(2\pi f_c(t-t_0))\sin(\pi B(t-t_0)) \\ -\sin(2\pi f_c(t-t_0))\cos(\pi B(t-t_0)) + \cos(2\pi f_c(t-t_0))\sin(\pi B(t-t_0))\end{array}\right\}}{2\pi(t-t_0)}$$

$$= 2B\frac{\sin\pi B(t-t_0)}{\pi B(t-t_0)}\cos(2\pi f_c(t-t_0)) \tag{4.13}$$

演習問題

【4.1】 伝達関数 $H_{LPF}(f)$ が次式で表される理想低域通過フィルタのインパルス応答 $h_{LPF}(t)$

$= \int_{-\infty}^{\infty} H_{LPF}(f) \exp(j2\pi ft) df$ を求めよ。

$$H_{LPF}(f) = \begin{cases} 1 & (|f| \leq f_L) \\ 0 & (|f| > f_L) \end{cases}$$

【4.2】 伝達関数 $H_{BPF}(f)$ が次式で表される理想帯域通過フィルタのインパルス応答 $h_{BPF}(t)$

$= \int_{-\infty}^{\infty} H_{BPF}(f) \exp(j2\pi ft) df$ を求めよ。

$$H_{BPF}(f) = \begin{cases} 1 & (f_L \leq |f| \leq f_H) \\ 0 & (0 \leq |f| < f_L,\ f_H < |f|) \end{cases}$$

5

ディジタル変調

通信システムでは，電波や光などによって情報信号を伝送する。電波や光に変換された信号は波で表され，三角関数を用いて表現される。ここで，送信波形の何らかのパラメータを送信したい情報信号に応じて変化させて，情報信号を効率よく伝送することを変調という。特に，送信すべき情報信号が "0" と "1" のディジタル符号系列のときの変調をディジタル変調と呼ぶ。

本章では，周波数を変換せずに，もとの情報信号の伝送速度の周波数で送信するベースバンド伝送について述べたのちに，実際の通信システムで利用されている搬送波帯域伝送について述べる。

5.1 ベースバンド伝送

送信すべきディジタル信号 "0" と "1" に対応した符号を周波数変換せずに，そのまま伝送するのが**ベースバンド伝送**である。**図 5.1** に種々のベースバンド伝送路符号の波形の例を示す。図 5.1 の波形は電気信号に変換された波形と考えれば，縦軸は電圧，横軸は時刻である。図の① **On Off 符号**では，1 のときは On でプラスの電圧値を有し，0 のときは Off で電圧値は になる。② **RZ**（return to zero の略）**符号**は，1 のときはプラスの電圧値，0 のときはマイナスの電圧値をとり，いったん電圧値が 0 に戻ってから，つぎのビットの電圧値に変わる。③ **NRZ**（non-return to zero の略）**符号**は，RZ 符号に対して，0 に戻らない。すなわち，1 のときはプラスの電圧値，0 のときはマイナスの電圧値をとり，電圧値が 0 に戻ることなくビットごとに電圧値が変わる。これらの符号では，送信すべき情報信号に 1 が続くと直流成分を有することになるので，0 Hz の周波数成分を有することになる。このような 0 Hz の周波数成分を避ける符号として，④ **AMI**（alternate mark inversion）**符号**，⑤ **マンチェスタ符号**がある。AMI 符号では，1 のときには交互にプラスまたはマイナスの電圧値をとり，0 のときには 0 の電圧値をとる。マンチェスタ符号では，0 のときにはマイナス-プラスの電圧値をとり，1 のときには の電圧値をとる。これらの符号では送信すべき情報信号に 1 が続いても ③ は発生しないが，符号の伝送速度が遅くなるほど，0 Hz に近い周波数成分が発生する。

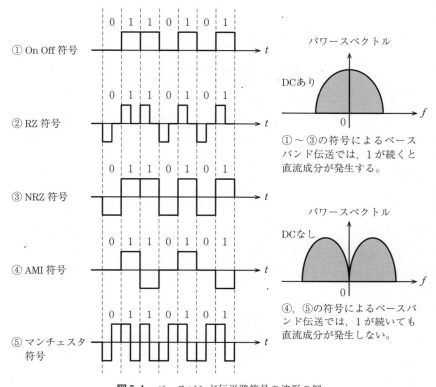

① On Off 符号

② RZ 符号

③ NRZ 符号

④ AMI 符号

⑤ マンチェスタ符号

パワースペクトル

DCあり

①〜③の符号によるベースバンド伝送では，1が続くと直流成分が発生する。

パワースペクトル

DCなし

④，⑤の符号によるベースバンド伝送では，1が続いても直流成分が発生しない。

図5.1 ベースバンド伝送路符号の波形の例

〔例題 5.1〕

1/4 波長のモノポールアンテナを仮定すると，搬送波周波数が 3 GHz のときのアンテナ長は何 m か。また，搬送波周波数が 3 MHz のときのアンテナ長は何 m か。

解

搬送波周波数が 3 GHz のときの波長 λ は，式 (1.3) より

$$\lambda = \frac{c}{f} = \frac{3 \times 10^8}{3 \times 10^9} = 0.1 \text{ m}$$

したがって，アンテナ長は

$$\frac{\lambda}{4} = \frac{0.1}{4} = 2.5 \times 10^{-2} \text{ m}$$

同様に，搬送波周波数が 3 MHz のときの波長 λ は，式 (1.3) より

$$\lambda = \frac{c}{f} = \frac{3 \times 10^8}{3 \times 10^6} = 100 \text{ m}$$

したがって，アンテナ長は

$$\frac{\lambda}{4} = \frac{100}{4} = 25 \text{ m}$$ ◆

 ## 5.2　搬送波帯域伝送

　前項で紹介したベースバンド伝送では，0 Hz 付近の周波数成分を有することになる。ところが，現実の通信路ではゼロ周波数付近の信号をほとんど伝送できない。また，周波数が低くなるほど波長は ④ □□□□ なるので，無線伝送でベースバンド伝送を行おうとすると非常に大きなアンテナが必要になってしまう。そこで，適切な周波数を有する搬送波を用いて情報を伝送するのが，**搬送波帯域伝送**である。搬送波帯域伝送の変調方式は，変調に用いるパラメータに応じて，① 搬送波の振幅を変化させる **ASK**（amplitude shift keying），② 搬送波の周波数を変化させる **FSK**（frequency shift keying），③ 搬送波の位相を変化させる **PSK**（phase shift keying）に大別される。

　まず，時刻 t における被変調波 $s(t)$ は次式のように表される。

$$s(t) = A(t) \cos(2\pi f_c t + \phi(t)) = \mathrm{Re}[\{A(t)\exp(j\phi(t))\}\exp(j2\pi f_c t)]$$
$$= \{A(t)\cos\phi(t)\}\cos(2\pi f_c t) - \{A(t)\sin\phi(t)\}\sin(2\pi f_c t) \tag{5.1}$$

ただし，$A(t)$ は時刻 t における振幅，f_c は搬送波周波数，$\phi(t)$ は時刻 t における位相である。いま

$$A(t) = \sqrt{2S}\alpha(t) \tag{5.2}$$
$$I(t) = \alpha(t)\cos\phi(t) \tag{5.3}$$
$$Q(t) = \alpha(t)\sin\phi(t) \tag{5.4}$$

とおくと

$$A(t)\exp(j\phi(t)) = \sqrt{2S}\{I(t) + jQ(t)\} \tag{5.5}$$
$$s(t) = \sqrt{2S}\,\alpha(t)\cos(2\pi f_c t + \phi(t))$$
$$= \sqrt{2S}\,\mathrm{Re}[\{I(t) + jQ(t)\}\exp(j2\pi f_c t]$$
$$= \sqrt{2S}\{I(t)\cos(2\pi f_c t) - Q(t)(2\pi f_c t)\} \tag{5.6}$$
$$I(t) + jQ(t) = \alpha(t)\exp(j\phi(t)) \tag{5.7}$$

ただし，S は平均送信電力である。

　式 (5.1) のうち，式 (5.5) の成分は搬送波周波数に依存しない成分であり，式 (5.5) はディジタル被変調波の**等価低域表現**と呼ばれる。

　ディジタル変調パルスの発生間隔を T とすると，ディジタル被変調波の等価低域表現は次式のように表される。

$$A(t)\exp(j\phi(t)) = \sqrt{2S}\{I(t) + jQ(t)\} = \sqrt{2S}\sum_{k=-\infty}^{\infty}(I_k + jQ_k)h_T(t - kT) \tag{5.8}$$

ただし，$h_T(t)$ は送信フィルタのインパルス応答である。最も簡単な送信フィルタのインパル

ス応答は，次式で表される低域通過フィルタである。

$$h_T(t) = \begin{cases} 1 & (0 \le t < T) \\ 0 & (t < 0, \ t \ge T) \end{cases} \tag{5.9}$$

このようなディジタル被変調波は，**図5.2**のディジタル変調器によって実現できる。

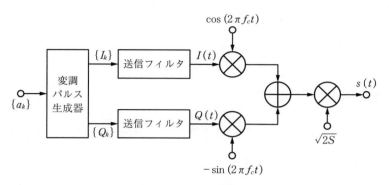

図5.2　ディジタル変調器

以下，最も簡単な，**変調多値数**（1シンボル当りにとりうる符号の数）が2の場合の各種ディジタル変調方式について説明する。**図5.3**に**2ASK**，**2FSK**，**2PSK**の被変調波形の例を示す。

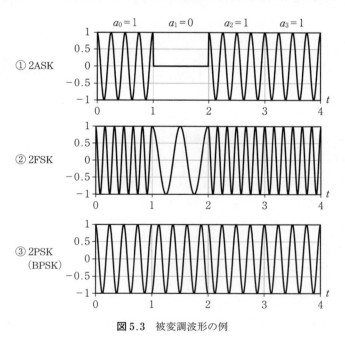

図5.3　被変調波形の例

5.2.1　2ASK

シンボル長を T としたときの，k シンボル目の時間区間 $kT \le t < k(T+1)$ について考える。2ASKであるので，2値の送信符号 $a_k \in \{0, 1\}$ を仮定する。ASKでは，送信したい符号に応じ

て，振幅 $\alpha(t)$ を変化させる。送信符号 $a_k=1$ のときには $\alpha(t)=1$，送信符号 $a_k=0$ のときには $\alpha(t)=0$ とする。$\phi(t)=0$ とすると，式 (5.6) より被変調波 $s(t)$ は式 (5.10) のように表される。また，被変調波の等価低域表現は，式 (5.5)，(5.7) より式 (5.11) のように表される。

$$s(t)=\begin{cases} \sqrt{2S}\cos(2\pi f_c t) & (a_k=1\ \text{のとき}) \\ 0 & (a_k=0\ \text{のとき}) \end{cases} \tag{5.10}$$

$$\sqrt{2S}\{I(t)+jQ(t)\}=\begin{cases} \sqrt{2S} & (a_k=1\ \text{のとき}) \\ 0 & (a_k=0\ \text{のとき}) \end{cases} \tag{5.11}$$

5.2.2 2FSK

時間区間 $kT\leq t<(T+1)$ について考える。FSK では，送信したい符号に応じて ⑤ を変化させる。送信符号 $a_k=1$ のときには周波数を Δf だけ高く，送信符号 $a_k=0$ のときには周波数を Δf だけ低くする。振幅および位相は変化しないことから $\alpha(t)=1$，$\phi(t)=0$ とすると，式 (5.6) より被変調波 $s(t)$ は式 (5.12) のように表される。式 (5.6) と式 (5.12) を比較すれば，$a_k=1$ のときには $\phi(t)=2\pi\Delta f t$，$a_k=0$ のときには $\phi(t)=-2\pi\Delta f t$ と考えることができるので，式 (5.5)，(5.7) より，被変調波の等価低域表現は式 (5.13) のように表される。

$$s(t)=\begin{cases} \sqrt{2S}\cos(2\pi(f_c+\Delta f)t) & (a_k=1\ \text{のとき}) \\ \sqrt{2S}\cos(2\pi(f_c-\Delta f)t) & (a_k=0\ \text{のとき}) \end{cases} \tag{5.12}$$

$$\sqrt{2S}\{I(t)+jQ(t)\}=\sqrt{2S}\exp j\phi(t)=\begin{cases} \sqrt{2S}\exp(j2\pi\Delta f t) & (a_k=1\ \text{のとき}) \\ \sqrt{2S}\exp(-j2\pi\Delta f t) & (a_k=0\ \text{のとき}) \end{cases} \tag{5.13}$$

5.2.3 2PSK

2PSK は，binary phase shift keying (**BPSK**) と呼ばれることが多い。ここでも時間区間 $kT\leq t<(T+1)$ について考える。PSK では，送信したい符号に応じて位相 $\phi(t)$ を変化させる。送信符号 $a_k=1$ のときには $\phi(t)=0$，送信符号 $a_k=0$ のときには $\phi(t)=\pi$ とする。$\alpha(t)=1$ とすると，式 (5.6) より被変調波 $s(t)$ は式 (5.14) のように表される。また，被変調波の等価低域表現は式 (5.5)，(5.7) より式 (5.15) のように表される。

$$s(t)=\begin{cases} \sqrt{2S}\cos(2\pi f_c t) & (a_k=1\ \text{のとき}) \\ -\sqrt{2S}\cos(2\pi f_c t) & (a_k=0\ \text{のとき}) \end{cases} \tag{5.14}$$

$$\sqrt{2S}\{I(t)+jQ(t)\}=\begin{cases} \sqrt{2S} & (a_k=1\ \text{のとき}) \\ -\sqrt{2S} & (a_k=0\ \text{のとき}) \end{cases} \tag{5.15}$$

加えて，等価低域表現は複素数であるので，複素平面を用いて送信信号点を表現することができる。**図 5.4** に PSK の信号点配置図を示す。PSK は送信符号によって，⑥ を変化させる定振幅，定周波数信号であるから，同一円周上に信号点が配置される。図 5.4 (b) の 4PSK (quadrature phase shift keying (**QPSK**) と呼ばれることが多い) では 2 ビット，図 5.4

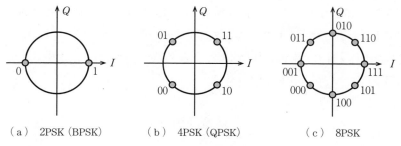

（a） 2PSK（BPSK）　　　（b） 4PSK（QPSK）　　　（c） 8PSK

図 5.4 PSK の信号点配置図

（c）の **8PSK** では 3 ビットの情報を一つのシンボルで送信することができる。1 シンボルあた
り n ビットの伝送を行うためには，変調多値数は⑦〔　　　　〕になる。変調多値数が増えるほ
ど，信号点間の距離が短くなるため，雑音等により誤りが発生しやすくなって，伝送特性が劣
化する。なお，各信号点を表す符号には，2 進数ではなく（隣接する符号間で 1 ビットしか異
ならないという特性を有する）**グレイ符号**が用いられていることに注意を要する。これは，雑
音等により，誤って隣接する信号点に復号されたときに，1 シンボル中 1 ビットしか誤らない
ようにするためである。

5.2.4 QAM

多値 PSK では変調多値数が増加するほど，信号点間距離が短くなり，伝送特性が劣化する。
変調多値数を増やしたときに，信号点間距離を長くするため，位相ばかりでなく，振幅も変化
させる変調方式の一つとして**直交振幅変調**（quadrature amplitude modulation，**QAM**）がある。
QAM は，同相軸と直交軸の両方で⑧〔　　　　〕を行う変調方式である。2^nQAM では 1 シンボ
ル当り⑨〔　　　　〕ビット伝送可能であり，例えば **16QAM** では 1 シンボル当り 4 ビット伝送

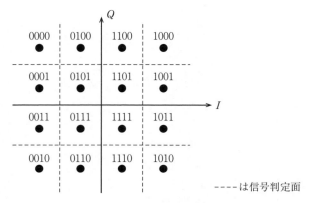

----は信号判定面

図 5.5 16QAM の信号点配置図

できる。**図5.5**に16QAMの信号点配置図を示す。16QAMでも，多値PSKと同様に，隣接する信号点間で1ビットしか異ならないようグレイ符号が用いられている。図5.5では，4ビットの前半2ビットはI軸上で配置された2ビットのグレイ符号であり，後半2ビットはQ軸上で配置された2ビットのグレイ符号である。

演習問題

【5.1】 64QAMでは1シンボル当り何ビット伝送することができるか。また，256QAMでは1シンボル当り何ビット伝送することができるか。

【5.2】 QPSKの信号点配置図は**図5.6**で表される。時間区間$kT \leq t < k(T+1)$におけるQPSKの被変調波$s(t)$，および被変調波の等価低域表現$\sqrt{2S}\{I(t) + jQ(t)\}$を求めよ。

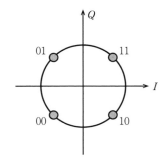

図5.6 QPSKの信号点配置図

6 ディジタル復調

前章では，ディジタル変調について，すなわち送信側について述べた。送信された信号は，通信路を経由して受信される。このとき，ディジタル変調された信号を受信した側が，もとのディジタル符号に戻す作業が復調である。本章では，変調方式として，前章で紹介したBPSKを対象として，ディジタル復調について述べる。まず，ディジタル復調を行うときの最適な受信フィルタについて述べる。つぎに，この最適フィルタを用いたときの受信信号の数式表現を求め，ビット誤り率を導出する。さらに，搬送波再生回路が不要となる，遅延検波についても述べる。

6.1 ディジタル伝送における最適受信フィルタ

BPSK を対象に，受信フィルタ出力の信号電力対雑音電力比 $\dfrac{S}{N}$ を求め，これを最大にするフィルタ（整合フィルタ）の伝達関数を求める。

まず，送信信号に雑音が加わり，受信されるモデルを考える。送信信号を $s(t)$，雑音を $n(t)$ とすると，雑音が加わった受信信号 $r(t)$ は次式で表される。

$$r(t) = s(t) + n(t) \tag{6.1}$$

変調方式に BPSK を仮定し，シングルパルス伝送を考える。

$$s(t) = \begin{cases} \pm\sqrt{2S}\cos(2\pi f_c t) & (0 \leq t < T) \\ 0 & (t < 0,\ t \geq T) \end{cases} \tag{6.2}$$

ただし，送信符号が 1（0）のとき ＋（－）であり，S は平均送信電力，f_c は搬送波周波数，T は 1 ビット長である。

受信フィルタ出力を $r_R(t)$，受信フィルタの伝達関数を $H_R(f)$ とする。時刻 t_m で標本化した受信フィルタ出力 $r_R(t_m)$ は次式で表される。

$$r_R(t_m) = s_R(t_m) + n_R(t_m) \tag{6.3}$$

受信フィルタ出力における信号電力対雑音電力比 $\dfrac{S}{N}$ は次式で表される。

$$\frac{S}{N} = \frac{s_R{}^2(t_m)}{E[n_R{}^2(t_m)]} \tag{6.4}$$

ただし，$E[\,\cdot\,]$ は集合平均である。送信信号 $s(t)$ のフーリエ変換を $S(f)$，白色雑音の両側電力スペクトル密度を $\dfrac{N_0}{2}$ とすると

$$s_R(t_m) = \int_{-\infty}^{\infty} S(f) H_R(f) \exp(j2\pi f t_m) df \tag{6.5}$$

$$E[n_R{}^2(t_m)] = \frac{N_0}{2} \int_{-\infty}^{\infty} |H_R(f)|^2 df \tag{6.6}$$

したがって，$\dfrac{S}{N}$ は次式で表される。

$$\frac{S}{N} = \frac{\left| \int_{-\infty}^{\infty} S(f) H_R(f) \exp(j2\pi f t_m) df \right|^2}{\dfrac{N_0}{2} \int_{-\infty}^{\infty} |H_R(f)|^2 df} \tag{6.7}$$

式 (6.7) の最大値を求めるため，次式で表される**シュワルツの不等式**を用いる。

$$\left| \int_{-\infty}^{\infty} A(f) B(f) df \right|^2 \leq \int_{-\infty}^{\infty} |A(f)|^2 df \int_{-\infty}^{\infty} |B(f)|^2 df \tag{6.8}$$

ただし，等号は次式のときのみ成り立つ。

$$B(f) = k A^*(f) \tag{6.9}$$

ここで，k は任意の実数である。

式 (6.8) のシュワルツの不等式を式 (6.7) に適用すると，次式が得られる。

$$\frac{S}{N} = \frac{\left| \int_{-\infty}^{\infty} S(f) H_R(f) \exp(j2\pi f t_m) df \right|^2}{\dfrac{N_0}{2} \int_{-\infty}^{\infty} |H_R(f)|^2 df} \leq 2 \frac{\int_{-\infty}^{\infty} |S(f)|^2 df}{N_0} \tag{6.10}$$

したがって，$\dfrac{S}{N}$ の最大値 $\left(\dfrac{S}{N}\right)_{\max}$ は次式となる。

$$\left(\frac{S}{N}\right)_{\max} = 2 \frac{\int_{-\infty}^{\infty} |S(f)|^2 df}{N_0} \tag{6.11}$$

このとき，次式が成り立つ。

$$H_R(f) = k S^*(f) \exp(-j2\pi f t_m) \tag{6.12}$$

式 (6.12) で表される伝達関数を持つ受信フィルタは，符号判定時点における信号電力対雑音電力比 $\dfrac{S}{N}$ を最大にする。このような受信フィルタを**整合フィルタ**と呼ぶ。ここで，$s(t)$ は実関数であるから，次式が成り立つ。

$$S^*(f) = \int_{-\infty}^{\infty} s(t) \exp(j2\pi f t) dt = S(-f) \tag{6.13}$$

式 (6.12)，(6.13) より次式が得られる。

$$H_R(f) = k S(-f) \exp(-j2\pi f t_m) \tag{6.14}$$

したがって，整合フィルタのインパルス応答 $h_R(t)$ は次式で表される。

$$
\begin{aligned}
h_R(t) &= \int_{-\infty}^{\infty} H_R(f) \exp(j2\pi f t) df \\
&= \int_{-\infty}^{\infty} k S(-f) \exp(-j2\pi f t_m) \exp(j2\pi f t) df \\
&= k \int_{-\infty}^{\infty} S(-f) \exp(j2\pi f(t - t_m)) df
\end{aligned}
$$

$$= k\int_{-\infty}^{\infty} S(f)\exp\left(j2\pi f(t_m - t)\right)df$$

$$= ks(t_m - t) \tag{6.15}$$

式 (6.15) より，整合フィルタのインパルス応答 $h_R(t)$ は入力パルス波形 $s(t)$ の
になることがわかる。

　ところで，整合フィルタ出力の信号成分 $s_R(t)$ は入力信号 $s(t)$ と整合フィルタのインパルス応答 $h_R(t)$ との であるから，次式が得られる。

$$s_R(t) = \int_{-\infty}^{\infty} s(\tau)h_R(t-\tau)d\tau \tag{6.16}$$

ここで，式 (6.15) を代入すると

$$s_R(t) = k\int_{-\infty}^{\infty} s(\tau)s(t_m - t + \tau)d\tau \tag{6.17}$$

したがって，時刻 t_m における整合フィルタ出力の信号成分 $s_R(t_m)$ は

$$s_R(t_m) = k\int_{-\infty}^{\infty} s^2(t)dt \tag{6.18}$$

式 (6.17) は，整合フィルタを得る方法の一つが相関検波であることを示している。なお

$$\int_{-\infty}^{\infty} |S(f)|^2 df = \int_{-\infty}^{\infty} s^2(t)dt \tag{6.19}$$

は受信信号の 1 ビット当りのエネルギーである。これを E_b とおくと，次式が得られる。

$$\left(\frac{S}{N}\right)_{\max} = 2\frac{\displaystyle\int_{-\infty}^{\infty} |S(f)|^2 df}{N_0} = 2\frac{E_b}{N_0} \tag{6.20}$$

6.2 ディジタル復調における誤り率

　BPSK を対象に，最適受信を行ったときのビット誤り率を求める。図6.1に BPSK 伝送系のモデルを示す。

　シンボル長を T とすると，送信符号系列 $a(t)$ は次式のように表すことができる。

$$a(t) = \sum_{k=-\infty}^{\infty} (2a_k - 1)\delta(t - kT) \tag{6.21}$$

ただし，a_k は k シンボル目の送信符号であり，$a_k \in \{0, 1\}$ である。

　送信フィルタのインパルス応答 $h_T(t)$ を次式のように仮定する。

$$h_T(t) = \begin{cases} 1 & (0 \leq t < T) \\ 0 & (t < 0,\ t \geq T) \end{cases} \tag{6.22}$$

送信信号 $s(t)$ は，次式で表される。

$$s(t) = \sqrt{2S} \sum_{k=-\infty}^{\infty} (2a_k - 1)h_T(t - kT)\cos(2\pi f_c t) \tag{6.23}$$

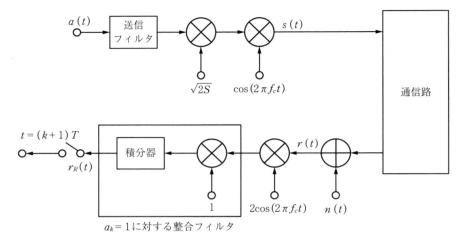

図6.1　BPSK 伝送系のモデル

$kT \leq t < (k+1)T$ のとき

$$s(t) = \sqrt{2S}(2a_k - 1)\cos(2\pi f_c t) = \begin{cases} \sqrt{2S}\cos(2\pi f_c t) & (a_k = 1) \\ -\sqrt{2S}\cos(2\pi f_c t) & (a_k = 0) \end{cases} \tag{6.24}$$

いま，$a_k = 1$ のときについて考える。積分器で $t = kT$ から $t = (k+1)T$ まで積分して得られる整合フィルタの出力は，次式で与えられる。

$$\begin{aligned} r_R\{(k+1)T\} &= \int_{kT}^{(k+1)T} \{\sqrt{2S}\cos(2\pi f_c t) + n(t)\} 2\cos(2\pi f_c t) dt \\ &= \sqrt{2S}\int_{kT}^{(k+1)T} 2\cos^2(2\pi f_c t) dt + 2\int_{kT}^{(k+1)T} n(t)\cos(2\pi f_c t) dt \\ &= \sqrt{2S}\int_{kT}^{(k+1)T} \{1 + \cos(4\pi f_c t)\} dt + 2\int_{kT}^{(k+1)T} n(t)\cos(2\pi f_c t) dt \\ &= \sqrt{2S}\,T + 2\int_{kT}^{(k+1)T} n(t)\cos(2\pi f_c t) dt \\ &= \sqrt{2S}\,T + \widetilde{n} \end{aligned} \tag{6.25}$$

ここで，$\widetilde{n}$ はガウス雑音であり，平均値は 0，分散は次式で表される。

$$E[\widetilde{n}^2] = N_0 \int_{kT}^{(k+1)T} 2\cos^2(2\pi f_c t) dt = N_0 T \tag{6.26}$$

ところで

$$\begin{aligned} E_b &= \int_{-\infty}^{\infty} s^2(t) dt = \int_0^T \{\sqrt{2S}\cos(2\pi f_c t)\}^2 dt \\ &= ST \end{aligned} \tag{6.27}$$

であるから，式 (6.25) は，次式のように書き換えられる。

$$r_R\{(k+1)T\} = \sqrt{2E_b T} + \widetilde{n} \tag{6.28}$$

また，平均値 μ，分散 σ^2 である**正規分布** $p(x)$ は次式で与えられる。

$$p(x) = \frac{1}{\sqrt{2\pi}\sigma} \exp\left(-\frac{(x-\mu)^2}{2\sigma^2}\right) \tag{6.29}$$

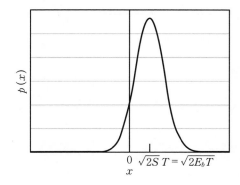

図 6.2 $r_R\{(k+1)T\}$ の確率密度関数

式 (6.28)，(6.26) より，$a_k = 1$ を送信したときの整合フィルタ出力 $r_R\{(k+1)T\}$ は，平均値 $\sqrt{2E_bT}$，分散 N_0T のガウス過程である。**図 6.2** に $r_R\{(k+1)T\}$ の確率密度関数を示す。

誤りとなるのは，$r_R\{(k+1)T\} < 0$ となるときである。したがって，$a_k = 1$ を送信したときのビット誤り率 p_1 は次式で与えられる。

$$p_1 = \int_{-\infty}^{0} \frac{1}{\sqrt{2\pi N_0 T}} \exp\left(-\frac{(x-\sqrt{2E_bT})^2}{2N_0T}\right)dx$$
$$= \frac{1}{2}\,\text{erfc}\left(\sqrt{\frac{E_b}{N_0}}\right) \tag{6.30}$$

ただし，erfc (x) は次式で表される**誤差補関数**である。

$$\text{erfc}\,(x) = \frac{2}{\sqrt{\pi}}\int_x^{\infty} \exp(-t^2)dt \tag{6.31}$$

同様に，$a_k = 0$ を送信したときのビット誤り率 p_0 は次式で与えられる。

$$p_0 = \frac{1}{2}\,\text{erfc}\left(\sqrt{\frac{E_b}{N_0}}\right) \tag{6.32}$$

したがって，$p_1 = p_0$ であり，結局，平均ビット誤り率 p は次式で与えられる。

$$p = \frac{1}{2}\,\text{erfc}\left(\sqrt{\frac{E_b}{N_0}}\right) \tag{6.33}$$

つぎに，QPSK の誤り率について考える。① QPSK では 1 シンボル当り 2 ビットの情報を伝送することができるので，BPSK と同じ送信電力のときの E_b は $\frac{1}{2}$ になり，QPSK のほうが効率がよい。一方，② 図 5.4 (a)，(b) より，QPSK の最小信号点間距離は BPSK の $\frac{1}{\sqrt{2}}$ になっていて，QPSK のほうが，誤りが発生しやすくなっている。信号点間距離の次元は波形と等しく，電力の平方根と等しいことに留意すると，① と ② の効果がちょうど平衡していることがわかる。したがって，QPSK と BPSK の平均ビット誤り率は等しくなる。

以下，導出方法は省略するが，8PSK の平均ビット誤り率は次式で与えられる。

$$p = \frac{7}{24}\,\text{erfc}\left(\sqrt{3\frac{E_b}{N_0}}\sin\left(\frac{\pi}{8}\right)\right) \tag{6.34}$$

また，16QAM の平均ビット誤り率（BER）は次式で与えられる。

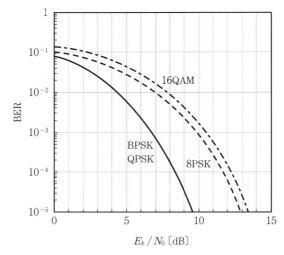

図 6.3 平均ビット誤り率特性

$$p = \frac{3}{8} \operatorname{erfc}\left(\sqrt{\frac{2}{5} \cdot \frac{E_b}{N_0}}\right) \tag{6.35}$$

BPSK，QPSK，8PSK，16QAM の平均ビット誤り率特性を**図 6.3**に示す。

6.3 検　　　波

　図 6.1 に示した BPSK の伝送モデルでは，受信側で，送信側の搬送波信号 $\cos(2\pi f_c t)$ に同期させた $2\cos(2\pi f_c t)$ を発生させなければならない。搬送波周波数帯の信号からベースバンド信号に周波数変換することを**検波**といい，前述のように，送信された搬送波信号と同期された搬送波信号を用いて検波することを**同期検波**と呼ぶ。同期検波では，搬送波を再生する回路が必要になる。一方，搬送波再生回路が不要であり，1 シンボル前の受信信号を利用して行う検波を**遅延検波**という。

　図 6.4に遅延検波器の構成を示す。遅延検波器では現在の受信信号と 1 シンボル前の受信信号を掛け合わせ，高周波成分を取り除くことによってベースバンド信号を取り出すことができる。

　まず，BPSK を仮定する。BPSK では 1 シンボルが 1 ビットであり，1 ビット長を T とする。雑音成分を無視すれば，時刻 $t = nT$ における受信信号 $s(t)$ は次式で表される。

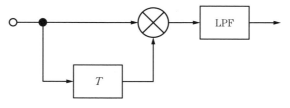

図 6.4 遅延検波器の構成

$$s(t) = A(t) \cos(2\pi f_c t + \varphi_n) \tag{6.36}$$

ただし，$A(t)$ は時刻 t における振幅，f_c は搬送波周波数，φ_n は時刻 t（すなわち時点 nT）における受信信号の位相である。また，1ビット前の受信信号 $s(t-T)$ は，次式で表される。

$$s(t-T) = A(t-T) \cos(2\pi f_c(t-T) + \varphi_{n-1}) \tag{6.37}$$

式 (6.36) と式 (6.37) を乗算すると，次式が得られる。

$$
\begin{aligned}
s(t) \cdot s(t-T) &= A(t) \cos(2\pi f_c t + \varphi_n) \cdot A(t-T) \cos(2\pi f_c(t-T) + \varphi_{n-1}) \\
&= \frac{A(t)A(t-T)}{2} \{\cos(4\pi f_c(t-T) + \varphi_n + \varphi_{n-1}) + \cos(2\pi f_c T + \varphi_n - \varphi_{n-1})\}
\end{aligned}
\tag{6.38}
$$

式 (6.38) の信号を低域通過フィルタに通すことによって高周波成分を除去し，$f_c T$ が整数となるように T を設定すると，遅延検波器の出力信号 $s_d(t)$ は次式のようになる。

$$s_d(t) = \frac{A(t)A(t-T)}{2} \cos(\varphi_n - \varphi_{n-1}) \tag{6.39}$$

式 (6.39) より，遅延検波器の出力信号から，現在の受信信号と1ビット前の受信信号の位相差が得られることがわかる。

　遅延検波器によって得られる位相差を利用して情報を伝送するために，送信側では，**差動符号化**が行われる。**図 6.5** に差動符号化器の構成を示す。

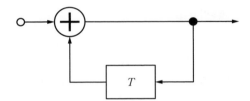

図 6.5　差動符号化器の構成

　φ_n を時点 nT における送信信号の位相とし，φ'_n を時点 nT における送信情報に対応する信号の位相とする。BPSK の場合，φ'_n および φ_n は 0 もしくは π となる。差動符号化を行うことにより，φ_n は次式のようになる。

$$\varphi_n = \varphi_{n-1} + \varphi'_n \tag{6.40}$$

式 (6.40) を式 (6.39) に代入することにより，次式が得られる。

$$s_d(t) = \frac{A(t)A(t-T)}{2} \cos \varphi'_n \tag{6.41}$$

したがって，送信情報 $(1, 0)$ に対応して，$\varphi'_n \in \{0, \pi\}$ を選択すれば，遅延検波器の出力信号から復調することができる。

　遅延検波では，搬送波再生回路が不要で，構成を簡単化できるものの，ベースバンド信号を得るための基準信号として雑音が含まれる受信信号を用いているので，同期検波に比べて伝送特性が劣化する。BPSK 変調遅延検波のビット誤り率は次式で表される。

$$p = \frac{1}{2}\exp\left(-\frac{E_b}{N_0}\right) \tag{6.42}$$

図6.6 に BPSK 同期検波と遅延検波の平均ビット誤り率特性を示す。

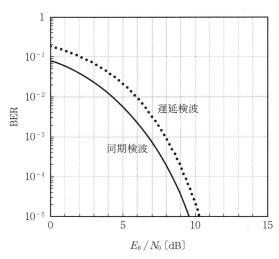

図6.6 BPSK 同期検波と遅延検波の
平均ビット誤り率特性

演習問題

【6.1】 BPSK, QPSK, 8PSK, 16QAM について平均ビット誤り率 10^{-3} を得るための所要 $\frac{E_b}{N_0}$ を, デシベル表記かつ小数点第1位の範囲で求めよ。ただし, 同期検波を仮定し, 誤差補関数は Microsoft Excel 内の ERFC() 関数などを用いて計算してよい。

【6.2】 BPSK 遅延検波について平均ビット誤り率 10^{-3} を得るための所要 $\frac{E_b}{N_0}$ を, デシベル表記かつ小数点第1位の範囲で求めよ。

7

多 重 伝 送

　通信は1対1で行われるとは限らない。有限な通信路資源を有効に活用するために，同一の通信路を複数の通信で共有することが多い。複数の信号を同一の通信路で伝送することを**多重伝送**（**図7.1**）と呼び，複数の送信局が同一の通信路で送信することを**多重アクセス**（**図7.2**）と呼ぶ。本章では，基本的な多重アクセス方式である，FDMA，TDMA，CDMA について述べ，周波数選択性フェージングに対する耐性に優れる，DS-CDMA，OFDM について述べる。さらに，無線 LAN で利用されているランダムアクセス方式について述べる。

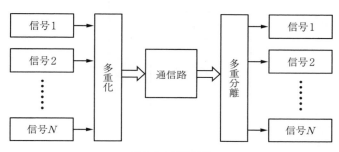

図7.1　多重伝送

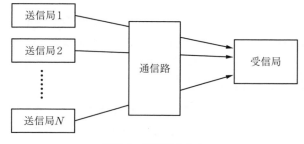

図7.2　多重アクセス

7.1　各種多重アクセス方式（FDMA, TDMA, CDMA）

　おもな多重アクセス方式として，**FDMA**（frequency division multiple access, **周波数分割多重アクセス**），**TDMA**（time division multiple access, **時分割多重アクセス**），**CDMA**（code division multiple access, **符号分割多重アクセス**）がある。**図7.3**に各種多重アクセス方式の概念図を示す。

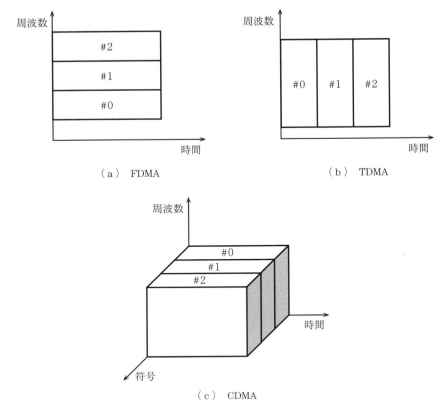

（a） FDMA

（b） TDMA

（c） CDMA

図7.3 各種多重アクセス方式の概念図

図7.3（a）のように，FDMAではユーザごとに異なる周波数を利用してアクセスする。これに対し，図7.3（b）のように，TDMAではユーザごとに時間的に異なる時間スロットを利用してアクセスする。（実際のシステムでは，隣接して使用しているユーザ間の干渉を避けるため，FDMAでは隣接する周波数チャネル間にガードバンド，TDMAでは隣接する時間スロット間にガードタイムが設けられる）したがって，電話回線のように連続的にデータが発生している場合には，割り当てられた時間スロット内に圧縮して送信することになるので，多重化されると伝送速度が高速になり，周波数帯域も広がることになる。このことについて，**PCM**（pulse code modulation：パルス符号変調）を用いた電話回線の24チャネルTDMAを例に考える。

まず，標本化周波数8 kHz（周期125 μs）で7ビットPCM符号化する。7ビットPCM符号に対し，1ビットの制御信号を付加すると，1チャネル当りの伝送速度は64 kbit/sになる。したがって，24チャネル多重すれば，125 μs当り8×24ビットを伝送することになる。さらに，実際には1ビットの制御信号を加えて，125 μs当り193ビットを伝送する。以上より，24チャネル多重された際の伝送速度は1.544 Mbit/sとなる。

なお，図7.3（c）のように，CDMAでは周波数軸，時間軸ともに複数のユーザの信号が混在していて，符号により，各ユーザの信号成分を識別している。

7.2 DS-CDMA

　CDMA では，拡散符号を用いて，広帯域な信号に周波数スペクトラムを拡散させる。スペクトラム拡散を行う方法には，**直接拡散**（direct sequence, **DS**）と**周波数ホッピング**（frequency hopping, **FH**）の 2 種類が知られている。本節では，携帯電話，**無線 LAN** 等に利用されている**直接拡散 CDMA**（**DS-CDMA**）について述べる。

　図 7.4 に DS-CDMA の構成を示す。送信局では，情報信号により **1 次変調**された被変調波を，拡散符号を利用して広帯域な信号に 2 次変調する。受信局では，複数の送信局から送信された信号が重なって受信されることになるが，希望送信局の拡散符号を用いて **2 次変調**に対応する 2 次復調を行うことにより，希望送信局からの受信信号を狭帯域信号に変換し，さらにこの狭帯域信号から 1 次変調に対応する 1 次復調を行うことによって，希望送信局の情報を取り出すことができる。以下に，2 次変調，2 次復調の具体的な手法を述べる。

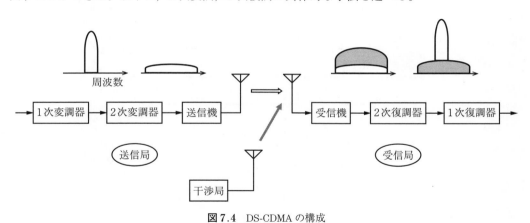

図 7.4 DS-CDMA の構成

　図 7.5 に周期 4 チップの**直交拡散符号**の例を示す。各チップごとに，ユーザ A の符号とユーザ C の符号を乗算すると，1，1，−1，−1 となり，これらの総和をとると 0 になる。このことを「ユーザ A とユーザ C の相互相関は 0 である」といい，「ユーザ A とユーザ C の符号は直交している」という。ほかのユーザ間の相互相関も ① ［　　　　　］ であり，これらの四つの符号は直交している。

　2 次変調（拡散変調とも呼ばれる）では，1 次変調された信号に対してスペクトラム拡散を行う。単純な 1，−1 の 2 値信号を例にして，2 次変調の原理を説明する。**図 7.6** に 2 次変調の例を示す（図 7.5 のユーザ B の符号で変調している）。簡単のため，1 か−1 の 2 値の情報信号をスペクトラム拡散すると仮定する。ここで，情報信号 1 ビットの時間長が 4 チップ分（拡散符号列の 1 周期分）の拡散符号の時間長と等しいとする。情報信号に対して，拡散符号を乗

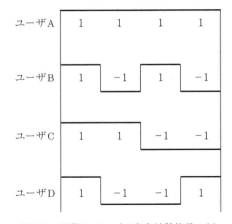

図7.5 周期4チップの直交拡散符号の例

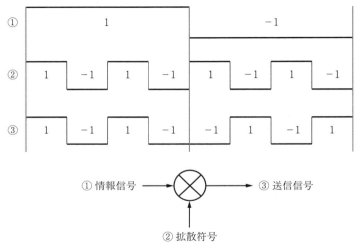

図7.6 2次変調の例

算することによって，送信信号が生成される。

　つぎに，2次復調について述べる。2次復調では，スペクトラム拡散の逆の作業，すなわち逆拡散が行われる。**図7.7**に相関検出器を用いる逆拡散器の構成を示す。図7.6では，ユーザBから送信された受信信号は情報信号が1の場合には1，−1，1，−1であり，情報信号が−1の場合には−1，1，−1，1であった。**相関検出器**では受信信号に拡散符号が乗算され，1情報

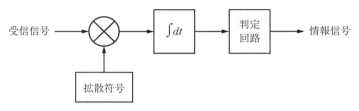

図7.7 相関検出器を用いる逆拡散器の構成

シンボル長（図7.6の場合は拡散符号4チップ分の時間長）にわたって，積分（ディジタル信号として信号処理されているときには総和に相当）される。例えば1，−1，1，−1が受信されたときに，ユーザBの拡散符号1，−1，1，−1を乗算すると，1，1，1，1となる。これらの総和は4になり，この値は正なので送信された情報信号が1であることがわかる。一方，−1，1，−1，1が受信されたときに，ユーザBの拡散符号1，−1，1，−1を乗算すると，

②   となる。これらの総和は③   になり，この値は負なので，送信された

情報信号が④   であることがわかる。

　ここで，複数のユーザが同時に送信している場合について考えてみよう。ユーザBが情報信号として1を送信し，ユーザCが情報信号として−1を送信している場合を考える。ユーザBからの受信信号は前述したとおり，1，−1，1，−1である。一方，ユーザCからの受信信号は情報信号−1にユーザCの拡散符号1，1，−1，−1を乗算して，⑤   である。

ユーザBからの受信信号とユーザCからの受信信号が同時に重なりあって受信されると，それぞれの受信信号の和になるので，0，−2，2，0になる。この受信信号にユーザBの拡散符号を乗じると，0，2，2，0になり，総和をとれば4になり，ユーザBの情報信号が1であることがわかる。また，受信信号0，−2，2，0にユーザCの拡散符号を乗じると，⑥   に

なり，総和をとれば⑦   になり，ユーザCの情報信号が⑧   であることが

わかる。このように，直交する拡散符号を割り当てられた複数のユーザからの信号が重なって受信されても，2次復調によって，区別して復調することが可能となる。

　陸上無線通信では，反射，散乱された多数の電波が受信される。これにより，電波の強さ，位相は変動し，**フェージング**と呼ばれる現象が生じる（詳しくは8.1.2項で述べる）。さらに，**図7.8**に示すように，送信された信号が複数の伝搬路を経由して受信され，それぞれの伝搬路における送信局から受信局までの伝搬遅延時間差が無視できなくなると，（図8.7のように時間的にも，周波数的にも大きく変動する）**周波数選択性フェージング**が発生し，伝送特性が著しく劣化する。すなわち，**図7.9**（a）のように伝送速度が低速で，1ビット長が先行波と遅延波の時間差よりも十分長ければ，異なる情報ビットによる干渉はほとんど生じないが，図7.9（b）のように伝送速度が高速になり，1ビット長が先行波と遅延波の伝搬遅延時間差に比べて無視できなくなると，先行波の情報ビットとは異なる遅延波の情報ビットが同時に受信されることになるので，たがいに干渉しあい，受信信号電力が大きくなっても軽減困難な誤りが発生する。

　DS-CDMAでは，逆拡散を行うことにより各ユーザの信号を分離できるばかりでなく，伝搬

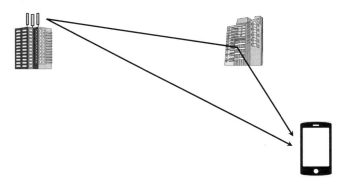

図 7.8　周波数選択性フェージングの発生原理

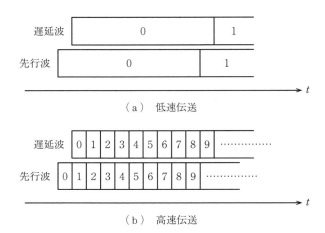

（a）　低速伝送

（b）　高速伝送

図 7.9　先行波と遅延波

遅延時間差が異なる先行波と遅延波を分離することもできる。先行波と遅延波を分離合成する受信機が **RAKE 受信機**である。**図 7.10** に RAKE 受信機の構成を示す。タップ係数 w_0, w_1 は，合成後の SINR（信号電力対（干渉電力＋雑音電力）比）が最大になるように決定される。

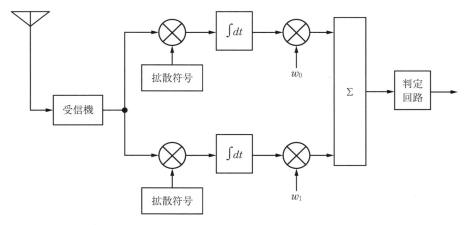

図 7.10　RAKE 受信機の構成

7.3   OFDM

　周波数選択性フェージングによる伝送特性の劣化を抑制する技術の一つとして，複数の直交するサブキャリアに分割して伝送する**直交周波数分割多重**（orthogonal frequency division multiplexing，**OFDM**）がある。OFDM は地上ディジタル放送，携帯電話，無線 LAN などで利用されている。

　図 7.11 にシングルキャリア伝送とマルチキャリア伝送を示す。四つの情報ビットを図 7.11（a）のシングルキャリアで伝送する場合と，図 7.11（b）の四つのキャリアで並列して伝送する場合について考える。簡単のため，周波数軸上のガードバンド，時間軸上のガードタイムを無視し，情報ビットの伝送速度を 1 Mbit/s とする。図 7.11（a）の場合にはシングルキャリアで伝送しているので，1 ビット長は 1 μs になるが，図 7.11（b）の場合には各キャリアでの伝送速度は 0.25 Mbit/s になるため，各キャリアでのビット長は ⑨ 　　　　　　　　になる。このようにマルチキャリア伝送では各キャリアでの伝送速度が ⑩ 　　　　　　になるため，キャリア数を多くすれば，個々のキャリアが受けるフェージングは周波数選択性が失われ，（平坦な周波数特性を有する）フラットフェージングとみなすことができるようになる。

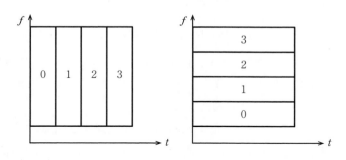

（a）　シングルキャリア伝送　　　　（b）　マルチキャリア伝送

図 7.11　シングルキャリア伝送とマルチキャリア伝送

　OFDM は，各サブキャリアのスペクトラムが直交するように配置されたマルチキャリア伝送方式である。**図 7.12** に OFDM 送信機，**図 7.13** に OFDM 受信機を示す。送信側では，入力された情報は変調され，直並列変換（S/P）される。IFFT（inverse fast Fourie transfer）は高速離散逆フーリエ変換である。IFFT によって，サブキャリアごとに変調された信号が時間領域の信号に変換される。並直列変換器（P/S）では，すべてのサブキャリアの時間信号の和が出力される。そして，**ガードインターバル**（GI）が付加されてから送信される。一方の受信側では，ガードインターバルが除去されたのち，直並列変換（S/P）される。FFT（fast Fourie

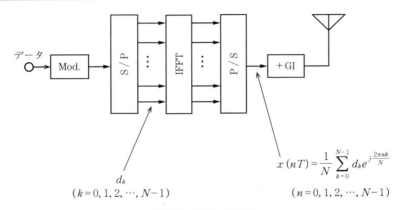

$$x\,(nT)=\frac{1}{N}\sum_{k=0}^{N-1}d_k e^{j\frac{2\pi nk}{N}}$$

d_k
$(k=0,1,2,\cdots,N-1)$

$(n=0,1,2,\cdots,N-1)$

図 7.12 OFDM 送信機

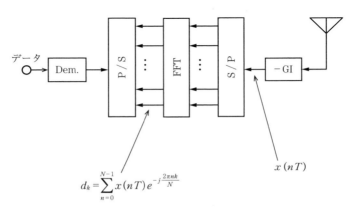

$$d_k=\sum_{n=0}^{N-1}x(nT)e^{-j\frac{2\pi nk}{N}}$$

$x\,(nT)$

図 7.13 OFDM 受信機

transfer）は高速離散フーリエ変換であり，FFT によって，時間信号から周波数領域の信号に変換される。そして，並直列変換器により，サブキャリアごとに時間分割された信号が，復調器に入力されて，サブキャリアごとに復調される。

　以下，GI について説明する。まず，1 Msymbol/s の伝送速度で OFDM 伝送が行われていると仮定する。伝搬遅延時間差が 0.1 μs の 2 波モデルを仮定すると，受信波は**図 7.14** のようになる。伝送速度が 1 Msymbol/s なので，1 シンボル長は 1 μs である。ここで，破線で区切られた時間の受信信号を用いて 1 番のビットを復調することを考えると，先行波はすべて 1 番のビットであるが，遅延波は 0 番のビットが含まれて（図中灰色の部分）しまい，この部分が干

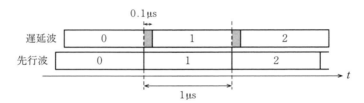

図 7.14 2 波モデルを仮定した受信波の例

渉波となってしまう。ここで，先行波と遅延波の電力が等しいと仮定すると，信号電力対干渉電力比（S/I）は $10\log_{10}19=12.8\cdots$ dB になる。

　このような干渉波の影響を除去するために，図 7.15 のように，ガードインターバルとして各 OFDM シンボルの冒頭の部分を末尾に（あるいは末尾の部分を冒頭に），コピーして付加する。図 7.16 にガードインターバルを適用した受信波の例を示す。受信側では，遅延波のガードインターバルの部分の時間帯に受信した信号を除去し，双方向矢印で示された部分の信号を使って復調すれば，干渉波の影響を受けることなく復調することができる。ただし，ガードインターバルの時間内の伝搬遅延時間差の遅延波の影響は除去できるものの，ガードインターバルの時間が長いほど伝送効率は劣化するため，伝搬遅延時間差に応じて適切なガードインターバルの長さを決める必要がある。

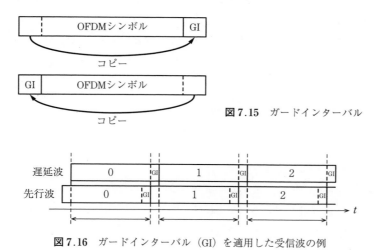

図 7.15　ガードインターバル

図 7.16　ガードインターバル（GI）を適用した受信波の例

　つぎに，離散フーリエ変換対について説明する。

　まず，1OFDM シンボルを時間間隔 T で N 回サンプリングする。このとき，1OFDM シンボル長は NT となる。ここで，$0\leq t<NT$ で定義されたアナログ信号 $x(t)$ を間隔 T でサンプリングした離散時間信号 $\{x(nT)|n=0,1,\cdots,N-1\}$ を考える。次式で表される $x(nT) \rightarrow X(k)$ の変換を，**離散フーリエ変換**と呼ぶ。

$$X(k)=\sum_{n=0}^{N-1} x(nT)e^{-j\frac{2\pi nk}{N}} \tag{7.1}$$

ただし，$k=0,1,2,\cdots,N-1$ である。サブキャリア周波数間隔 f_0 は次式で表される。

$$f_0=\frac{1}{NT} \tag{7.2}$$

ここで

$$\frac{1}{N}\sum_{k=0}^{N-1}e^{j\frac{2\pi mk}{N}}=\begin{cases} 1 & (m=0) \\ 0 & (m\neq 0) \end{cases} \tag{7.3}$$

であるから

$$\frac{1}{N}\sum_{k=0}^{N-1}X(k)e^{j\frac{2\pi nk}{N}}=\frac{1}{N}\sum_{k=0}^{N-1}\left\{\sum_{m=0}^{N-1}x(mT)e^{-j\frac{2\pi mk}{N}}\right\}e^{j\frac{2\pi nk}{N}}$$

$$=\sum_{m=0}^{N-1}x(mT)\left(\frac{1}{N}\sum_{k=0}^{N-1}e^{j\frac{2\pi(n-m)k}{N}}\right)$$

$$=x(nT)$$

$$x(nT)=\frac{1}{N}\sum_{k=0}^{N-1}X(k)e^{j\frac{2\pi nk}{N}} \tag{7.4}$$

$X(k) \rightarrow x(nT)$ の変換を，**離散フーリエ逆変換**と呼ぶ。

以上の議論を踏まえ，改めて図 7.12，7.13 の OFDM 送受信機を説明する。送信側ではデータは変調器に入力されて変調され，変調器の出力は直並列変換される。並列化された変調信号は，それぞれ異なるサブキャリアで搬送される。ここで，k 番のサブキャリアで伝送される変調信号を d_k とする。サブキャリア数を N とすると，$k=0, 1, 2, \cdots, N-1$ である。サンプリング間隔を T とすると，時刻 nT における IFFT によって逆フーリエ変換がなされるので，並直列変換によってすべてのサブキャリア成分の和として得られる時間領域の信号 $x(nT)$ は，次式で表される。

$$x(nT)=\frac{1}{N}\sum_{k=0}^{N-1}d_k e^{j\frac{2\pi nk}{N}}\quad(n=0, 1, 2, \cdots, N-1) \tag{7.5}$$

$x(nT)$ に対し，ガードインターバルが付加されて送信される。簡単のため，フェージングおよび雑音の影響を無視する。

受信側では，受信信号に対し，まずガードインターバルを除去する。ガードインターバルが除去された信号を，式 (7.5) で表される $x(nT)$ とする。直並列変換され，FFT によってフーリエ変換された k 番のサブキャリア成分は，次式のように d_k となる。

$$d_k=\sum_{n=0}^{N-1}x(nT)e^{-j\frac{2\pi nk}{N}} \tag{7.6}$$

したがって，式 (7.6) で得られる d_k を並直列変換し，順番に復調すれば，データが得られる。

つぎに，遅延波が存在する場合について考える。先行波に比べて，mT だけ遅れた遅延波があるときの受信信号 $r(nT)$ は，次式のようになる。

$$r(nT)=h_0 x(nT)+h_m x\{(n-m)T\}=h_0\frac{1}{N}\sum_{k=0}^{N-1}d_k e^{j\frac{2\pi nk}{N}}+h_m\frac{1}{N}\sum_{k=0}^{N-1}d_k e^{j\frac{2\pi(n-m)k}{N}} \tag{7.7}$$

ただし，h_0 は先行波のチャネル利得，h_m は遅延波のチャネル利得である。受信信号を FFT すると，次式が得られる。

$$\sum_{n=0}^{N-1}r(nT)e^{-j\frac{2\pi nk}{N}}=h_0 d_k+h_m d_k e^{-j\frac{2\pi mk}{N}} \tag{7.8}$$

式 (7.8) より，先行波と遅延波が重なって受信されても，受信できることがわかる。

参考のため，離散フーリエ変換のいくつかの性質について述べる。以下，簡単のため $T=1$ とし，数列 $\{x(0), x(1), x(2), \cdots, x(N-1)\}$ の離散フーリエ変換を $\{X(0), X(1), \cdots, X(N-1)\}$ とする。

7.3.1 対　称　性

$x(n)$ が実数であれば

$$\mathrm{Re}[X(k)] = \mathrm{Re}[X(N-k)] \tag{7.9}$$

$$\mathrm{Im}[X(k)] = -\mathrm{Im}[X(N-k)] \tag{7.10}$$

この性質は，以下のようにして示すことができる。

$$X(k) = \sum_{n=0}^{N-1} x(n)e^{-j\frac{2\pi nk}{N}} = \sum_{n=0}^{N-1}\left\{ x(n)\cos\frac{2\pi nk}{N} - jx(n)\sin\frac{2\pi nk}{N} \right\} \tag{7.11}$$

$$X(N-k) = \sum_{n=0}^{N-1} x(n)e^{-j\frac{2\pi n(N-k)}{N}} = \sum_{n=0}^{N-1} x(n)e^{j\frac{2\pi nk}{N}}$$

$$= \sum_{n=0}^{N-1}\left\{ x(n)\cos\frac{2\pi nk}{N} + jx(n)\sin\frac{2\pi nk}{N} \right\} \tag{7.12}$$

7.3.2 循 環 シ フ ト

次式で定義される数列 $\{x_l(0), x_l(1), x_l(2), \cdots, x_l(N-1)\}$ を，数列 $\{x(0), x(1), x(2), \cdots, x(N-1)\}$ の**循環シフト**と呼ぶ。

$$x_l(n) = \begin{cases} x(n-l+N) & (n=0, 1, \cdots, l-1) \\ x(n-l) & (n=l, l+1, \cdots, N-1) \end{cases} \tag{7.13}$$

$x_l(n)$ の離散フーリエ変換を $X_l(k)$ とすると

$$X_l(k) = e^{-j\frac{2\pi kl}{N}} X(k) \tag{7.14}$$

 # 7.4　ランダムアクセス方式

　無線 LAN は，英語で wireless local area network と呼ばれ，無線による局所的なネットワークの意味である。スマートフォン等で利用できる Wi-Fi は無線 LAN の標準規格の一つで，Wi-Fi Alliance で認証されている。

　無線 LAN は局所的なネットワークで，利用しているユーザ数も限られているため，8 章で述べる携帯電話とは異なり，複雑な管理を行わず，**ランダムアクセス方式**が利用される。ランダムアクセス方式とは，ある局でデータが発生すると，それをトリガー（引き金）にして送信を開始する方法である。最もシンプルなランダムアクセス方式は，**ピュア・アロハ方式**（純アロハ方式）である。このピュア・アロハ方式は伝送効率が低いので，送信タイミングをスロットに同期させて衝突確率を低下させ，伝送効率を増加させる方式として**スロッテッド・アロハ方式**がある。

7.4.1　ピュア・アロハ方式

　ピュア・アロハ方式は，1970 年頃，ハワイ大学で，大学内の中央計算機とさまざまな端末との間の無線通信を提供するために考案された方式である。この方式では，送信したいパケット

が発生すると，すぐに送信を開始する。ただし，複数のパケットが同時に送信されることがあり，そのときには衝突が発生する。衝突したときには，ランダム時間後に再送する。

　まず，n 台の端末があるものとし，パケット長を T，時間 T 内で発生するパケット数（全トラヒック）を G とする。加えて，時間 T 内で k 台の端末がパケットを発生する確率を $P(k)$ とする。n が十分大きいとき，$P(k)$ は次式で表される。

$$P(k) = \lim_{n \to \infty} {}_nC_k \left(\frac{G}{n}\right)^k \left(1-\frac{G}{n}\right)^{n-k} = \lim_{n \to \infty} \frac{n!}{k!(n-k)!} \left(\frac{G}{n}\right)^k \left(1-\frac{G}{n}\right)^{n-k}$$

$$= \lim_{n \to \infty} \frac{n(n-1)\cdots(n-k+1)}{n^k} \frac{G^k}{k!} \left(1-\frac{G}{n}\right)^{-k} \left(1-\frac{G}{n}\right)^n$$

$$= \lim_{n \to \infty} \left(1-\frac{1}{n}\right)\left(1-\frac{2}{n}\right)\cdots\left(1-\frac{k-1}{n}\right) \frac{G^k}{k!} \left(1-\frac{G}{n}\right)^{-k} \left(1-\frac{G}{n}\right)^n \tag{7.15}$$

ただし

$$ {}_nC_k = \frac{n!}{(n-k)!k!} \tag{7.16}$$

である。ここで

$$\lim_{n \to \infty} \left(1-\frac{1}{n}\right)\left(1-\frac{2}{n}\right)\cdots\left(1-\frac{k-1}{n}\right)\left(1-\frac{G}{n}\right)^{-k} = 1 \tag{7.17}$$

となるが，$\lim_{n \to \infty}\left(1-\frac{G}{n}\right)^n$ を求めるため，**マクローリン展開**を利用する。$f(x)$ のマクローリン展開は次式で与えられる。

$$f(x) = \sum_{n=0}^{\infty} \frac{f^{(n)}(0)}{n!} x^n \tag{7.18}$$

ただし，$f^{(n)}(x)$ は $f(x)$ の n 階微分である。参考のため $f(x) = e^{-x}$ のマクローリン展開を求める。

$$f(x) = e^{-x} \tag{7.19}$$
$$f^{(1)}(x) = -e^{-x} \tag{7.20}$$
$$f^{(2)}(x) = e^{-x} \tag{7.21}$$

であるので

$$f^{(n)}(x) = (-1)^n e^{-x} \tag{7.22}$$

したがって

$$f(x) = \sum_{n=0}^{\infty} \frac{(-1)^n}{n!} x^n \tag{7.23}$$

$f(x) = \log(1-x)$ のマクローリン展開は以下のように求めることができる。

$$f^{(1)}(x) = -\frac{1}{1-x} \tag{7.24}$$

$$f^{(2)}(x) = \left(-\frac{1}{1-x}\right)' = -\frac{1}{(1-x)^2} \tag{7.25}$$

$$f^{(3)}(x) = \left(-\frac{1}{(1-x)^2}\right)' = -\frac{2}{(1-x)^3} \tag{7.26}$$

以上より

$$f^{(n)}(x) = -\frac{(n-1)!}{(1-x)^n} \tag{7.27}$$

したがって

$$f(x) = \log(1-x)$$
$$= -\sum_{n=1}^{\infty} \frac{(n-1)!}{(1-0)^n}\frac{1}{n!}x^n$$
$$= -\sum_{n=1}^{\infty} \frac{x^n}{n} \tag{7.28}$$

式 (7.28) を用いて，次式が得られる。

$$\lim_{n\to\infty} \log\left(1-\frac{G}{n}\right)^n = \lim_{n\to\infty} n\log\left(1-\frac{G}{n}\right)$$
$$= \lim_{n\to\infty}\left(-G-\frac{G^2}{2n}-\frac{G^3}{3n^2}-\cdots\right)$$
$$= -G \tag{7.29}$$

式 (7.29) を用いて，式 (7.15) は次式のようになる。

$$P(k) = \lim_{n\to\infty} \frac{G^k}{k!}\left(1-\frac{G}{n}\right)^n$$
$$= \frac{G^k}{k!}e^{-G} \tag{7.30}$$

これは，平均値が G の**ポアソン分布**である。

　以下，簡単にポアソン分布について解説する。n 回の独立試行において，1 回の試行で，ある事象 A が起きる確率が p であるとする。試行回数 n が十分大きく，確率 p が十分小さい場合（すなわち $a = np$ が一定に保たれるか，それに近づく場合）に r 回 A が生じる確率 $P(r)$ は

$$P(r) = \lim_{n\to\infty} {}_nC_r\,p^r(1-p)^{n-r}$$
$$= \lim_{n\to\infty} \frac{n!}{r!(n-r)!}\left(\frac{a}{n}\right)^r\left(1-\frac{a}{n}\right)^{n-r}$$
$$= \lim_{n\to\infty} \frac{n(n-1)\cdots(n-r+1)}{n^r}\frac{a^r}{r!}\left(1-\frac{a}{n}\right)^{-r}\left(1-\frac{a}{n}\right)^n$$
$$= \lim_{n\to\infty} \left(1-\frac{1}{n}\right)\left(1-\frac{2}{n}\right)\cdots\left(1-\frac{r-1}{n}\right)\frac{a^r}{r!}\left(1-\frac{a}{n}\right)^{-r}\left(1-\frac{a}{n}\right)^n$$
$$= \frac{a^r}{r!}e^{-a} \tag{7.31}$$

この分布を，ポアソン分布という。

　パケット伝送が成功するのは，パケットを送信しているときにほかのパケットと衝突しない

とき，すなわち，**図7.17**に示すように，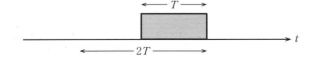 の時間内にほかのパケットが発生しな

いときである。したがって，求めるスループット S（時間 T で送信に成功したパケット数）は，

次式で表される。

$$S = GP(0)^2 = Ge^{-2G} \tag{7.32}$$

図7.17 ピュア・アロハ方式における
パケット伝送

7.4.2　スロッテッド・アロハ方式

　ピュア・アロハ方式では，送信されたパケットが衝突することによって，スループットが劣
化する。送信するタイミングを一定時間（スロット）ごとに分割し，パケット衝突確率を下げ
る方式として，**スロッテッド・アロハ方式**がある。**図7.18**にスロッテッド・アロハ方式にお
ける発生パケットと送信パケットの例を示す。

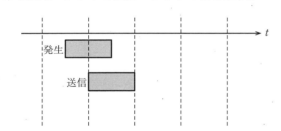

図7.18 スロッテッド・アロハ方式における
発生パケットと送信パケットの例

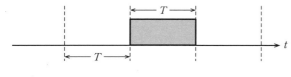

図7.19 スロッテッド・アロハ方式における
パケット伝送

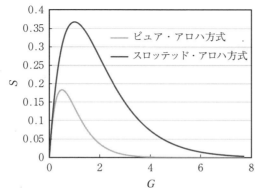

図7.20 ピュア・アロハ方式と
スロッテッド・アロハ方式の
スループット特性

　図7.19に示すように，スロッテッド・アロハ方式では ⑫［　　　　　　］の時間内にほかのパケットが発生しなければ，ほかのパケットとの衝突は発生しない。したがって，スロッテッド・アロハ方式のスループット S（時間 T で送信に成功したパケット数）は次式となる。**図7.20**にピュア・アロハ方式とスロッテッド・アロハ方式のスループット特性を示す。

$$S = GP(0) = Ge^{-G} \tag{7.33}$$

7.4.3　CSMA/CA

　ピュア・アロハ方式およびスロッテッド・アロハ方式では，ほかの端末の通信状況に関係なくパケットを送信するため，パケット衝突が発生する。この衝突を回避するアクセス方式として，**CSMA/CA**（carrier sense multiple access/collision avoidance）がある。CSMA/CA は，送信を開始する端末において，送信しようとしている周波数帯域の電波を一定時間検知（キャリアセンス）し，電波が検知されなかったときには送信するが，電波が検知されたときにはほかの端末が通信中であると考えて送信を待機する方式であり，これによって衝突を回避する。ところが，この方式では，電波が検知されないのに送信したパケットが衝突を発生してしまうことや，電波が検知されたのにパケットを送信可能であることがある。これらの現象はそれぞれ，**隠れ端末問題**，および**さらし端末問題**と呼ばれている。

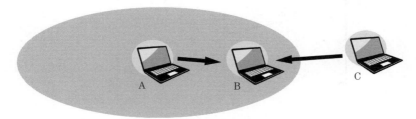

Aのキャリアセンスエリア

図7.21　隠れ端末問題の例

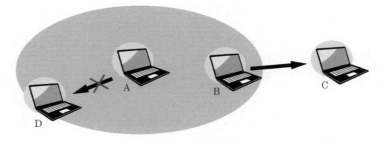

Aのキャリアセンスエリア

図7.22　さらし端末問題の例

　図 **7.21** に隠れ端末問題の例を示す。B は C からのデータを受信しているが，C は A のキャリアセンスエリア外にいるため，A は C から送信された電波をキャリアセンスできない。したがって，A は B が C からのデータを受信中だと気づかずに，B へデータを送信してしまう。そうすると，B ではパケット衝突が発生する。

　図 **7.22** にさらし端末問題の例を示す。A のキャリアセンスエリア内にいる B が C へデータを送信中なので，A は送信禁止されるが，本来は A が D へデータを送信しても，C ではパケット衝突は発生しない。このように，本来送信可能にもかかわらず，データを送信できないのが，さらし端末問題である。

　隠れ端末問題を解消する方法の一つとして，4Way Handshake-CSMA／CA（**4WH-CSMA／CA**）がある。4WH-CSMA／CA の通信手順を図 **7.23** に示す。データを送信する前に送信側から受信側に RTS を送信し，受信側では受信可能な場合のみ CTS を返す。例えば，図 7.21 の B のように C からのデータを受信しているときには CTS を返さないので，A はデータを送信できず，パケット衝突を回避できる。

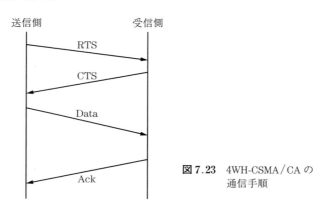

図 **7.23**　4WH-CSMA／CA の
通信手順

演習問題

【**7.1**】　ユーザ A〜D に対して，以下のように異なる拡散符号が割り当てられている。

　　　　A.　1, 1, 1, 1
　　　　B.　1, −1, 1, −1
　　　　C.　1, 1, −1, −1
　　　　D.　1, −1, −1, 1

　　これら 4 人のユーザのうち 2 人が，情報信号として，1 か −1 のいずれかをそれぞれの拡散符号で直接拡散して送信している。受信信号として　0, 0, 2, 2　が受信されたとき，送信したユーザと情報信号を求めよ。ただし，雑音はなく，理想的な同期検波が行われていると仮定する。

【7.2】 n台の端末があるものとする。パケット長を T とし，時間 T 内で発生するパケット数（全トラヒック）を G とする。ここで，時間 T 内で k 台の端末がパケットを発生する確率 $P(k)$ は次式で与えられる。$P(k)$ を用いて，時間 T 内に発生するパケットの平均値が G になることを示せ。

$$P(k) = \frac{G^k}{k!} e^{-G}$$

【7.3】 パケット長を T とすると，時間 T 当りのトラヒック G に対するピュア・アロハ方式のスループット $S(G)$ は，次式で与えられる。

$$S = GP(0)^2 = Ge^{-2G}$$

（1）　$S(G)$ が最大となる G の値を求めよ。

（2）　$S(G)$ の最大値を求めよ。

8

さまざまな通信システム

2〜6章では，1対1の通信を行うための個々の要素技術について述べ，7章では，1対多の通信を行うための多重技術について述べた。本章では実際の通信システムの例として，携帯電話システムと衛星通信システムについて述べる。

8.1 携帯電話システム

携帯電話システムは，7.4節で述べた無線 LAN とは異なり，複数の基地局によって広いサービスエリアが構築されている。8.1.1 項では，セル構成について述べる。また，携帯電話システムと無線 LAN のどちらも無線を通信媒体としている。8.1.2 項では，移動無線伝搬路について述べる。

8.1.1 セ ル 構 成

携帯電話は英語で，cellular phone と呼ばれる。cellular を直訳すれば「細胞状の」という意味である。このような呼称が用いられる理由は，携帯電話システムでは，各移動端末が基地局と呼ばれる無線局と通信を行っており，各基地局の通信可能な地域（**セル**あるいは**ゾーン**と呼ばれる）で全サービスエリアを隙間なく覆っている様子が，細胞状に広がっているように見えるからである。

基地局の通信可能な地域がセルであるから，無指向性アンテナを仮定し，障害物がなければ，セルの形状は円になる。しかしながら，円によって全サービスエリアを重なることなくかつ隙間なく覆うことはできないので，複数のセルが重なる地域では，基地局からの距離が等しくなる地点（すなわち平均受信電力が等しくなる地点）をセルの境界と定義し直す。すべての基地局の送信電力が等しく，すべてのセルの形状も等しいと仮定すると，セルの形状は**図8.1**

 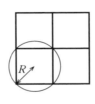 

（ a ） 正三角形　　　　　（ b ） 正四角形　　　　　（ c ） 正六角形

図 8.1 正多角形セルの形状

に示すように正三角形，正四角形，正六角形のいずれかになる。セルの中心にある基地局から
セル端までの最長距離を**セル半径**という。参考のため，基地局を中心とするセル半径 R の円
も図8.1に示す。また，**表8.1**にセル形状の比較を示す。表8.1より，最も単位セルの面積が
大きく，オーバーラップ面積が小さくなるのは，①□□□□□□であることがわかる。すなわ
ち，全サービスエリアを覆うのに必要な基地局数が最も②□□□□□のは正六角形セルであ
る。そこで，以下では正六角形セルの場合について考える。

表8.1　セル形状の比較

セル形状	隣接基地局間最小距離	単位セル面積	オーバーラップ面積
正三角形	R	$\dfrac{3\sqrt{3}\,R^2}{4}$	$\left(2\pi - \dfrac{3\sqrt{3}}{2}\right)R^2$
正四角形	$\sqrt{2}\,R$	$2R^2$	$(2\pi - 4)R^2$
正六角形	$\sqrt{3}\,R$	$\dfrac{3\sqrt{3}\,R^2}{2}$	$\left(2\pi - 3\sqrt{3}\right)R^2$

　ところで，FDMAでは同一の周波数チャネルをほかのユーザも利用すると干渉が発生し，
伝送特性が劣化してしまうので，同じ周波数チャネルを隣接したセルで利用することはでき
ず，離れたセルで繰り返し利用することになる。七つの異なる周波数チャネルを繰り返し利用
するセル構成（7セル繰り返し）の例を，**図8.2**に示す。

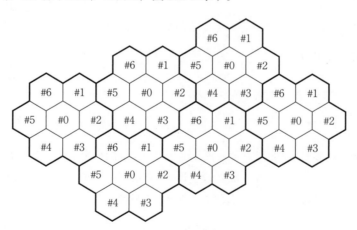

図8.2　7セル繰り返しのセル構成例

　ここで，**周波数繰り返し数**について考える。周波数繰り返し数が大きいほど同一周波数を利
用するセル間距離が長くなり，③□□□□□□は小さくなるものの，1セル当りの利用可能な周
波数チャネル数が小さくなってしまう。周波数繰り返し数個のセルのグループを**周波数繰り返**

しエリアと呼ぶと，正六角形のセルでは，隣接する周波数繰り返しエリアは6個存在する。**図8.3**に，正六角形セルにおける周波数繰り返しエリアを示す。厳密には，各周波数繰り返しエリアの形状は円ではなく，隙間なく配置されるが，簡単のため円で示している。

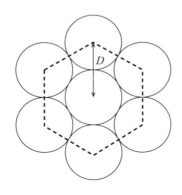

図8.3 正六角形セルにおける
周波数繰り返しエリア

　各周波数繰り返しエリアの面積を S，周波数繰り返し数を N，隣接する周波数繰り返しエリアの中心間距離を D とする。各周波数繰り返しエリアの中には N 個のセルがあるので，セル半径を R とすると，次式が成り立つ。

$$S = \frac{3\sqrt{3}NR^2}{2} \tag{8.1}$$

ここで，図8.3の中の破線で表される正六角形の面積は，1/3の周波数繰り返しエリアが6個と一つの周波数繰り返しエリアとを合わせた面積になるので，④[　　　　　　]である。また，この面積は，D を用いて表せば $\frac{3\sqrt{3}D^2}{2}$ となるので，次式が得られる。

$$3\frac{3\sqrt{3}NR^2}{2} = \frac{3\sqrt{3}D^2}{2} \tag{8.2}$$

式 (8.2) を整理すれば，N は次式で表される。

$$N = \frac{1}{3}\left(\frac{D}{R}\right)^2 \tag{8.3}$$

　図8.4に，正六角形セルの周波数繰り返しエリアの位置関係を示す。セル半径を R，隣接する周波数繰り返しエリアの中心間距離を D，セルの中心からセルの境界までの距離を r とし，周波数繰り返しエリアの中心から，右に i 個のセルだけ移動し，さらに右上の方向に j 個のセ

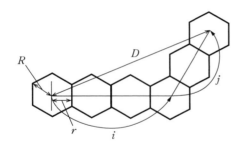

図8.4 正六角形セルの周波数繰り返し
エリアの位置関係

ルだけ移動すれば，周波数隣接する繰り返しエリアの中心に移動するものとする。

　余弦定理を用いると，次式が成り立つ。

$$D^2 = (2ri)^2 + (2rj)^2 - 2(2ri)(2rj)\cos\frac{2}{3}\pi$$

$$= (2ri)^2 + (2rj)^2 + (2ri)(2rj) \tag{8.4}$$

ここで，r は R を用いて次式で表される。

$$r = \frac{\sqrt{3}}{2}R \tag{8.5}$$

式 (8.4) に式 (8.5) を代入することにより，次式が得られる。

$$D^2 = 3(i^2 + j^2 + ij)R^2 \tag{8.6}$$

式 (8.6) と式 (8.3) より，次式が得られる。

$$N = i^2 + j^2 + ij \tag{8.7}$$

ここで，i, j は負でない整数であるから，N は 3，7，9，12，13，…という離散的な値を有することがわかる。

　携帯電話システムでは，サービスエリアを複数のセルで構成しているので，連続的かつ効率的にサービスを提供するためにいろいろな技術が適用されている。まず，移動端末がセル間を移動しても通話が途切れないようにチャネルを切り替える，**ハンドオーバ**と呼ばれる技術が適用されている。ハンドオーバは以下の手順で行われる。

① 移動端末のセル移行の検出

② 移行先セルの決定およびそのセルにおける空きチャネルの選択

③ チャネルの切り替え

　加えて，CDMA のように隣接するセルでも同一の周波数を利用できるシステムでは，複数の基地局と同時に通信を行うソフトハンドオーバという技術を用いて，通信品質を向上させることができる。なお，ソフトハンドオーバという呼称に対して，つねに一つの基地局と通信しているハンドオーバを⑤［　　　］と呼ぶことがある。

　移動端末は，全サービスエリア内を動き回る可能性がある。しかしながら，東京にいる移動端末に対して，日本全国の基地局から一斉に着信を知らせるのは効率的ではない。移動端末の存在している位置付近の基地局からのみ着信を知らせるために，携帯電話を管理するネットワークでは，つねに移動端末の位置を把握しておく必要がある。移動端末の位置をネットワーク上に登録する技術を，**位置登録**と呼ぶ。基地局と移動端末間では，データ通信を行っていないときも定期的に制御信号をやりとりし，各移動端末の位置情報を随時更新している。

8.1.2　移動無線伝搬路

　陸上移動通信の伝搬特性は，距離に依存する**長区間中央値変動**（距離減衰），**対数正規分布**

に従う**短区間中央値変動**（シャドウイング），および**レイリー分布**に従う**瞬時値変動**（フェージング）の積にモデル化される。受信電力 P_r は次式で表される。

$$P_r = A \cdot d^{-\alpha} \cdot 10^{-\frac{\delta}{10}} \cdot R^2 \cdot P_t \tag{8.8}$$

ただし，A はアンテナ等に依存する定数，d は基地局と移動端末間の距離である。$d^{-\alpha}$ は長区間中央値変動であり，α は**距離減衰指数**である。α の値は場所によって異なり，何もない空間（自由空間）では $\alpha = 2$ であり，ビル等の障害物が多くなるほど ⑥ [　　　　] 値をとることが知られている。また，$10^{-\frac{\delta}{10}}$ は短区間中央値変動であり，δ は平均値 0 の正規分布に従う確率変数である。δ の標準偏差の値は場所によって異なり，障害物が（都市部のように）一様に分布していれば，δ の標準偏差の値は ⑦ [　　　　] なる。加えて，R^2 は瞬時値変動である。ここで，R は以下で詳しく述べるように，レイリー分布に従うことが知られている。

まず，無変調波を仮定する。等平均電力の N 個の素波が，あらゆる方向から到来するモデルを考える。n 番目の素波 e_n は，次式で表される。

$$e_n = \text{Re}[z_n \exp(j2\pi f_c t)] \tag{8.9}$$

$$z_n = \sqrt{\frac{2S}{N}} \exp j\theta_n \tag{8.10}$$

ただし，z_n は e_n の等価低域表現であり，θ_n は n 番目の素波の位相である。

受信波 e は N 個の素波の総和であるから，次式で表される。

$$e = \sum_{n=0}^{N-1} e_n = \text{Re}\left[\sum_{n=0}^{N-1} z_n \exp(j2\pi f_c t)\right] \tag{8.11}$$

ところで，z_n の実部を x_n，虚部を y_n とすれば次式が成り立つ。

$$x_n = \text{Re}[z_n] = \sqrt{\frac{2S}{N}} \cos\theta_n \tag{8.12}$$

$$y_n = \text{Im}[z_n] = \sqrt{\frac{2S}{N}} \sin\theta_n \tag{8.13}$$

ここで，e の等価低域表現を z，z の実部を x，虚部を y とすれば，次式が成り立つ。

$$z = \sum_{n=0}^{N-1} z_n$$
$$= \sum_{n=0}^{N-1} x_n + j\sum_{n=0}^{N-1} y_n = x + jy \tag{8.14}$$

$$e = x\cos(2\pi f_c t) - y\sin(2\pi f_c t) \tag{8.15}$$

一般に，$X_1, X_2, \cdots, X_n$ が同一の平均値 μ，分散 σ^2 であるようなたがいに独立な任意の確率変数であるとき，n が十分大きければ

$$\overline{X} = \frac{1}{n}\sum_{i=1}^{n} X_i \tag{8.16}$$

は正規分布 $N\left(\mu, \dfrac{\sigma^2}{n}\right)$ に従うことが知られている。この定理は**中心極限定理**と呼ばれる。

いま，素波数 N が十分大きければ，中心極限定理により，式 (8.14) の x および y はたがいに独立な平均値 0，分散 S の正規分布に従うことがわかる。したがって，x および y の確率密度関数 $p(x)$，および $p(y)$ は次式で表される。

$$p(x) = \frac{1}{\sqrt{2\pi S}} \exp\left(-\frac{x^2}{2S}\right) \tag{8.17}$$

$$p(y) = \frac{1}{\sqrt{2\pi S}} \exp\left(-\frac{y^2}{2S}\right) \tag{8.18}$$

したがって，$x = x(t)$，$y = y(t)$ の結合確率密度関数 $p(x, y)$ は次式で表される。

$$p(x, y) = p(x) \cdot p(y) = \frac{1}{2\pi S} \exp\left(-\frac{x^2 + y^2}{2S}\right) \tag{8.19}$$

ここで，x，y を振幅 R と位相 θ を用いて極座標表現で表すと，次式のようになる。

$$x = R\cos\theta \tag{8.20}$$

$$y = R\sin\theta \tag{8.21}$$

したがって，R，θ の結合確率密度関数は次式で表される。

$$p(R, \theta) = p(x, y)\left|\frac{\partial(x, y)}{\partial(R, \theta)}\right| \tag{8.22}$$

ここで，$\left|\dfrac{\partial(x, y)}{\partial(R, \theta)}\right|$ は，次式で表される。

$$\left|\frac{\partial(x, y)}{\partial(R, \theta)}\right| = \begin{vmatrix} \dfrac{\partial x}{\partial R} & \dfrac{\partial x}{\partial \theta} \\ \dfrac{\partial y}{\partial R} & \dfrac{\partial y}{\partial \theta} \end{vmatrix}$$

$$= \begin{vmatrix} \cos\theta & -R\sin\theta \\ \sin\theta & R\cos\theta \end{vmatrix} = R \tag{8.23}$$

したがって，$p(R, \theta)$ は次式で表される。

$$p(R, \theta) = \frac{R}{2\pi S} \exp\left(-\frac{R^2}{2S}\right) \tag{8.24}$$

$p(R, \theta)$ を R で積分することにより，θ の確率密度関数 $p(\theta)$ は次式のようになる。

$$p(\theta) = \int_0^\infty p(R, \theta)dR = \frac{1}{2\pi} \tag{8.25}$$

式 (8.25) より，θ は一様分布となることがわかる。

$p(R, \theta)$ を θ で積分することにより，R の確率密度関数 $p(R)$ は次式のようになる。

$$p(R) = \int_{-\pi}^{\pi} p(R, \theta)d\theta = \frac{R}{S} \exp\left(-\frac{R^2}{2S}\right) \tag{8.26}$$

式 (8.26) はレイリー分布と呼ばれる。**図 8.5** に，$S = 0.5$ のときのレイリー分布を示す。

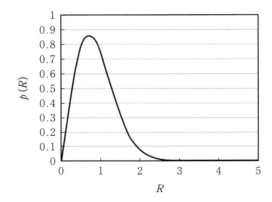

図8.5 レイリー分布

8.1.3 フェージング下における誤り率

平均信号電力対雑音電力比 $\gamma_0 = \dfrac{S}{N}$ が与えられたときの瞬時信号電力対雑音電力比 γ の確率密度関数 $p_{\gamma_0}(\gamma)$ を求める。包絡線レベルを R とすると，γ は次式で表される。

$$\gamma = \frac{R^2}{2N} \tag{8.27}$$

包絡線レベル R の確率密度関数 $p(R)$ は式 (8.26) で表されるので，$p_{\gamma_0}(\gamma)$ は次式のようになる。

$$\begin{aligned}
p_{\gamma_0}(\gamma) &= p(R)\frac{dR}{d\gamma} \\
&= \frac{R}{S}\exp\left(-\frac{R^2}{2S}\right)\left(\frac{N}{R}\right) \\
&= \frac{1}{\gamma_0}\exp\left(-\frac{\gamma}{\gamma_0}\right)
\end{aligned} \tag{8.28}$$

白色ガウス雑音下における信号電力対雑音電力比 γ が与えられたときの平均ビット誤り率を $p(\gamma)$ とすれば，平均信号電力対雑音電力比 γ_0 が与えられたときのフェージング下における平均ビット誤り率 $P(\gamma_0)$ は，次式で与えられる。

$$P(\gamma_0) = \int_0^\infty p(\gamma)p_{\gamma_0}(\gamma)d\gamma \tag{8.29}$$

ここで，BPSK のときについて考える。BPSK では，信号電力対雑音電力比と1ビット当りのエネルギー対雑音電力密度比が等しいことに注意すると，BPSK の $p(\gamma)$ は，式 (6.33) より，次式で表される。

$$p(\gamma) = \frac{1}{2}\,\mathrm{erfc}\,(\sqrt{\gamma}) \tag{8.30}$$

したがって

$$\begin{aligned}
P(\gamma_0) &= \int_0^\infty p(\gamma)p_{\gamma_0}(\gamma)d\gamma = \int_0^\infty \frac{1}{2}\,\mathrm{erfc}\,(\sqrt{\gamma})\,\frac{1}{\gamma_0}\exp\left(-\frac{\gamma}{\gamma_0}\right)d\gamma \\
&= \int_0^\infty \frac{1}{2\gamma_0}\exp\left(-\frac{\gamma}{\gamma_0}\right)d\gamma - \int_0^\infty \frac{1}{2\gamma_0}\,\mathrm{erf}\,(\sqrt{\gamma})\exp\left(-\frac{\gamma}{\gamma_0}\right)d\gamma
\end{aligned}$$

$$= \left[-\frac{1}{2}\exp\left(-\frac{\gamma}{\gamma_0}\right) \right]_0^\infty - \int_0^\infty \frac{1}{2\gamma_0}\operatorname{erf}(\sqrt{\gamma})\exp\left(-\frac{\gamma}{\gamma_0}\right)d\gamma$$

$$= \frac{1}{2} - \int_0^\infty \frac{1}{2\gamma_0}\operatorname{erf}(\sqrt{\gamma})\exp\left(-\frac{\gamma}{\gamma_0}\right)d\gamma \tag{8.31}$$

ここで，$\operatorname{erf}(x)$（$=1-\operatorname{erfc}(x)$）は誤差関数である。$\gamma=x^2$ とおくと，$d\gamma=2xdx$ であり，式 (8.31) は次式のようになる。

$$P(\gamma_0) = \frac{1}{2} - \frac{1}{\gamma_0}\int_0^\infty x\operatorname{erf}(x)\exp\left(-\frac{x^2}{\gamma_0}\right)dx \tag{8.32}$$

いま，$I_{2n+1}=\displaystyle\int_0^\infty x^{2n+1}\operatorname{erf}(bx)\exp(-ax^2)dx$ において，$I_1=\dfrac{b}{2a\sqrt{a+b^2}}$ であるから，$a=\dfrac{1}{\gamma_0}$，$b=1$ と おくと，式 (8.32) は次式のようになる。

$$P(\gamma_0) = \frac{1}{2}\left(1 - \frac{1}{\sqrt{1+\dfrac{1}{\gamma_0}}}\right) \tag{8.33}$$

　式 (6.33) と式 (8.33) から得られる平均ビット誤り率は，**図 8.6** のようになる。同図から フェージングによって受信電力が低下すると，雑音の影響を強く受けて誤りが発生し，伝送特 性が著しく劣化することがわかる。この劣化を改善するために，誤り制御（誤り訂正，再送制 御），ダイバーシチ，等化器などの技術が適用される。

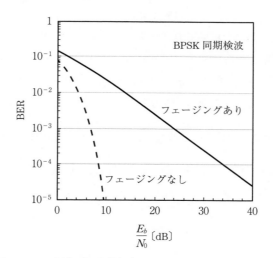

図 8.6　BPSK の平均ビット誤り率のフェージングありなしでの比較

　さらに，7.2 節で述べたように，伝送速度が高速になると，反射・回折・散乱等によって発 生する多重波間の伝搬遅延時間差の影響が無視できなくなり，周波数によっても振幅が変動す る周波数選択性フェージングが発生する。**図 8.7** に周波数選択性フェージングの例を示す。同 図は，等平均値の 2 波レイリーモデルを仮定した計算機シミュレーションによって得られたも のであり，周波数，時間に依存して大きく振幅変動していることがわかる。

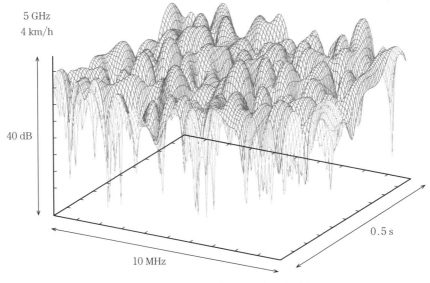

図8.7 周波数選択性フェージングの例

   8.2   衛星通信システム

　衛星通信システムは，一つの衛星で照射できるカバレッジエリアが広く，同報性に優れている。また，衛星は地上で発生する災害の影響を受けないため，耐災害性に優れている。一方，伝搬損失が大きく，伝搬遅延時間も大きいというデメリットもある。衛星通信システムの例として，カーナビ等で利用されている Global Positioning System（**GPS**），世界中で利用できる携帯電話システムであるイリジウムシステムなどがある。

　衛星の軌道は，静止軌道，中軌道，低軌道，超楕円軌道などに分類される。⑧　　　　　　　　で，地球の自転と同じ角速度で周回している衛星の軌道が**静止軌道**である。**図8.8**に衛星の静止軌道と作用する力の関係を示す。

　引力 F_g は次式で表される。

$$F_g = G \frac{mM}{r^2} \tag{8.34}$$

ただし，G は万有引力定数であり，m は衛星の質量，M は地球の質量，r は軌道半径である。

　一方，遠心力 F_c は次式で与えられる。

$$F_c = \frac{mv^2}{r} \tag{8.35}$$

ただし，v は衛星の速さである。衛星は等速円運動しているので，引力と遠心力が釣り合っていることから，次式が成り立つ。

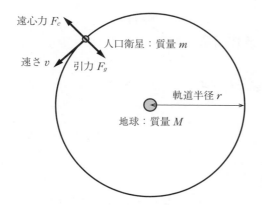

図8.8　衛星の静止軌道と作用する力

$$F_g = F_c \tag{8.36}$$

式 (8.36) に式 (8.34)，(8.35) を代入することにより，v は次式で表される。

$$v = \sqrt{\frac{GM}{r}} \tag{8.37}$$

衛星の周期 T は，衛星が地球の周りを1周するのに要する時間であり，次式で表される。

$$T = \frac{2\pi r}{v} = 2\pi \sqrt{\frac{r^3}{GM}} \tag{8.38}$$

ここで，地球の質量 $M = 5.974 \times 10^{24}$ kg，万有引力定数 $G = 6.673 \times 10^{-11}$ m^{3}kgs^2 である。静止衛星では，周期 T は地球の自転周期（23 時間 56 分 04 秒）と一致するので，静止衛星の軌道半径 $r = 42\,165$ km である。地球の半径は，6 371 km であるから，地表から見た静止衛星の高度は，⑨[＿＿＿＿]km である。

GPS は，米国国防総省によって管理運営されている衛星システムであり，地上約2万 km（軌道半径 26 561.75 km）の六つの衛星軌道に，1軌道当り4基ずつ，計24基の衛星が用いられている。GPS 衛星には正確な原子時計が配備されていて，GPS 衛星からの送信波にはスペクトラム拡散変調が用いられている。GPS 衛星から電波を受信し，伝搬遅延時間がわかれば衛星から受信機までの距離がわかる。3基の衛星から受信機までの距離がわかれば，受信機の位置を特定できるが，受信機は GPS 衛星ほどの正確な時計を持っていないので，この誤差を補正するために，4基の衛星からの電波を受信して位置を推定する。いま，受信機の位置を (x, y, z)，i 番の衛星の位置を (x_i, y_i, z_i)，i 番の衛星から受信機までの伝搬遅延時間を t_i，受信機の時間誤差を Δt，光速を c とすると，次式が得られる。

$$c(t_i - \Delta t) = \sqrt{(x_i - x)^2 + (y_i - y)^2 + (z_i - z)^2} \tag{8.39}$$

未知数は x, y, z, Δt の四つなので，四つの連立方程式が得られれば，すなわち，⑩[＿＿＿＿]基の衛星からの電波を受信できれば，受信機の位置を求めることができる。

演習問題

【8.1】 BPSK 同期検波のフェージング環境下の平均ビット誤り率 $P(\gamma_0)$ は次式（式（8.33）参照）で与えられる。

$$P(\gamma_0)=\frac{1}{2}\left(1-\frac{1}{\sqrt{1+\dfrac{1}{\gamma_0}}}\right)$$

（1）　1ビット当りのエネルギー対雑音電力密度比 γ_0 が十分大きいとき，$P(\gamma_0)$ はどのように近似できるか（ヒント：7.4節で紹介したマクローリン展開を利用せよ）。

（2）　（1）で求めた近似式を用いて，$\gamma_0=20\,\mathrm{dB}$，$30\,\mathrm{dB}$ のときの $P(\gamma_0)$ を求めよ。

【8.2】 2ブランチのアンテナ選択ダイバーシチを適用した BPSK 同期検波の平均ビット誤り率 $P(\gamma_0)$ は次式で与えられる。ここで，γ_0 は1ビット当りのエネルギー対雑音電力密度比である。

$$P(\gamma_0)=\frac{1}{2}-\frac{1}{\sqrt{1+\dfrac{1}{\gamma_0}}}+\frac{1}{2\sqrt{1+\dfrac{2}{\gamma_0}}}$$

（1）　γ_0 が十分大きいとき，$P(\gamma_0)$ はどのように近似できるか。

（2）　（1）で求めた近似式を用いて，$\gamma_0=20\,\mathrm{dB}$，$30\,\mathrm{dB}$ のときの $P(\gamma_0)$ を求めよ。

【8.3】 イリジウムシステムにおける衛星の地球を周回する周期 T を求めよ。ただし，イリジウムシステムの衛星の高度を $730\,\mathrm{km}$ とし，地球半径 $6\,371\,\mathrm{km}$，地球の質量 $M=5.974\times10^{24}\,\mathrm{kg}$，万有引力定数 $G=6.673\times10^{-11}\,\mathrm{m^3kg\,s^2}$ とする。

9

通信トラヒック解析

　トラヒックとは，車や列車などの交通の流れあるいは交通量を意味するが，**通信トラヒック**とは通信における情報の流れ，あるいは情報量を意味する。本章では，通信トラヒックの解析法について述べる。大きな災害やチケットの販売時などに電話やインターネットがつながりづらくなる経験をした人も多いであろう。加入者電話の回線は，電話局へとつながっているが，電話局と制御局を結ぶ回線で運べる通信回線の数は，加入者電話の回線数ほど多くはない。したがって，多数の加入者が電話をかけると，接続できない加入者が生じる。**図 9.1** に電話局のイメージを示す。

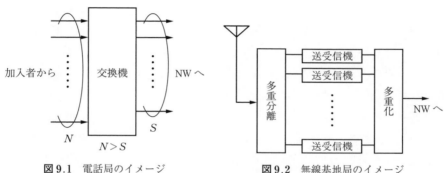

図 9.1　電話局のイメージ　　　　　図 9.2　無線基地局のイメージ

　また，携帯電話システムでは，各基地局で利用可能なチャネル数は有限であるから，もしも，利用可能なチャネルの数よりも多くの人が電話をかけたとしたら，接続できなくなる。**図 9.2** に無線基地局のイメージを示す（簡単のため，チャネル数と送受信機の数は一致すると仮定している）。このように，発生しても接続できない**呼**のことを呼損と呼び，呼損が発生する確率を呼損率という。もしも呼損率が高ければ，利用するユーザの不満が高まり，ユーザは解約して，他社のシステムへ乗り換えてしまうだろう。一方，呼損率を下げようとすると，基地局のコストが高くなる。

　そこで，ユーザの満足が得られる範囲内で，なるべく基地局のコストを下げるにはどのようにすればよいかが問題となる。このような問題を解析するのが，**トラヒック解析**である。本章では，ユーザ数が無限大の場合において，電話などの遅延を許さない即時系のトラヒック解析について述べ，つぎに遅延を許す待時系のトラヒック解析について述べる。さらに，ユーザ数が有限の場合についても述べる。

9.1 即 時 系

呼損率を求めるためには，まず，呼の性質を明らかにする必要がある。携帯電話システムでは，呼が生起した移動端末が基地局にアクセスすると，あるチャネルがこの呼のために占有され，ほかの移動端末には使用されなくなる。このような現象を**保留**という。ある呼の生起から終了までチャネルが占有されている時間を**保留時間**と呼び，時間区間 $(t, t+\tau)$ で，呼によってチャネルが保留されている延べ時間を T とするとき，T をそのチャネルの時間区間 $(t, t+\tau)$ の**トラヒック量**という。時間区間 $(t, t+\tau)$ のトラヒック量 T を区間長 τ で割った $A = \dfrac{T}{\tau}$ をその時間区間の**トラヒック密度**あるいは**呼量**という。また，τ を 0 に近づけたときの A の極限値を時刻 t のトラヒック密度という。

トラヒック量の次元は時間であるが，トラヒック密度は ① □ である。トラヒック密度の単位はトラヒック理論の創始者である A. K. Erlang の名をとって，**erl**（**アーラン**）と呼ばれる。また，トラヒック量の単位として erl·h（アーラン時）を用いることがある。

それでは，有限時間 τ の間に k 個の呼が生起する確率 $v_k(\tau)$ を求めてみよう。まず，時刻 t と $t+\Delta t$ の間の微小時間 Δt の間に呼が生起する確率を $u\Delta t$（ただし，$u > 0$）とし，Δt の時間に二つ以上の呼が生起する確率は無視できるものとする。ここで，u は**生起率**（または**生起係数**）である。つぎに，τ を微小時間 Δt で n 等分（$\tau = n\Delta t$）して，この n 個の微小時間のうち k 個の微小時間で呼が生起し，ほかの微小時間では呼が生起しない確率を求める。さらに，微小時間 Δt を 0 に近づければ，すなわち n を ② □ に近づければ，その確率は $v_k(\tau)$ となる。したがって，$v_k(\tau)$ は式 (9.1) で表される。

$$v_k(\tau) = \lim_{\substack{\Delta t \to 0 \\ n \to \infty}} {}_nC_k\{u\Delta t\}^k\{1 - u\Delta t\}^{n-k} \tag{9.1}$$

ここで，${}_nC_k\{u\Delta t\}^k$ は式 (9.2) のように書き換えることができる。

$$\begin{aligned} {}_nC_k\{u\Delta t\}^k &= \frac{n(n-1)\cdots(n-k+1)}{k!}\left(u\frac{\tau}{n}\right)^k \\ &= \frac{(u\tau)^k}{k!}\cdot 1 \cdot \left(1 - \frac{1}{n}\right)\cdots\left(1 - \frac{k-1}{n}\right) \end{aligned} \tag{9.2}$$

したがって

$$\lim_{\substack{\Delta t \to 0 \\ n \to \infty}} {}_nC_k\{u\Delta t\}^k = \frac{(u\tau)^k}{k!} \tag{9.3}$$

一方，$\lim\limits_{\substack{\Delta t \to 0 \\ n \to \infty}} \{1 - u\Delta t\}^{n-k}$ は，式 (7.29) と同様，以下のように求めることができる。

$$\lim_{\substack{\Delta t \to 0 \\ n \to \infty}} \{1 - u\Delta t\}^{n-k} = \lim_{\substack{\Delta t \to 0 \\ n \to \infty}} \left\{1 - \frac{u\tau}{n}\right\}^n \left\{1 - \frac{u\tau}{n}\right\}^{-k}$$

$$= \lim_{\substack{\Delta t \to 0 \\ n \to \infty}} \left\{ 1 - \frac{u\tau}{n} \right\}^n$$
$$= e^{-u\tau} \tag{9.4}$$

したがって

$$v_k(\tau) = \frac{(u\tau)^k}{k!} e^{-u\tau} \tag{9.5}$$

となる。式 (9.5) は平均値が $u\tau$ のポアソン分布である。

　つぎに，呼の保留時間について考える。呼の保留時間の分布として広く用いられる分布は**指数分布**である。呼の保留時間はたがいに独立で，いずれも等平均値 h の指数分布に従うとする。保留時間が t より大きい分布関数を $z(t)$ とすれば，$z(t)$ は次式で表される。

$$z(t) = \frac{1}{h} e^{-\frac{t}{h}} \tag{9.6}$$

　ある時刻で，チャネルを保留中の呼が，すでに t_0 だけ保留を続けたものであるとき，さらに t 以上保留を続ける条件付確率は，次式で表される。

$$P\{>t_0+t \,|\, >t_0\} = \frac{z(t_0+t)}{z(t_0)}$$
$$= \frac{e^{\frac{-(t_0+t)}{h}}}{e^{-\frac{t_0}{h}}}$$
$$= e^{-\frac{t}{h}} \tag{9.7}$$

　任意の時刻 t で保留中である呼が時刻 $t+\Delta t$ までの微小時間 Δt の間に終了する確率は，式 (9.11) より Δt 以上続く確率が $e^{-\frac{\Delta t}{h}}$ であるので，次式で表される。

$$1 - e^{-\frac{\Delta t}{h}} = 1 - \left\{ 1 - \frac{\Delta t}{h} + \frac{1}{2!}\left(\frac{\Delta t}{h}\right)^2 - \frac{1}{3!}\left(\frac{\Delta t}{h}\right)^3 + \cdots \right\}$$
$$\cong \frac{1}{h}\Delta t \tag{9.8}$$

　式 (9.8) は t_0 とは無関係である。したがって，保留時間が指数分布に従うということは，呼の終了はランダムで，その呼がいつ生起したかには ③ _____ であるということがわかる。ここで，式 (9.9) で表される μ を呼の**終了係数**または**終了率**と呼ぶ。

$$\mu = \frac{1}{h} \tag{9.9}$$

　加えて，チャネル数を S とする。このうち，保留中の呼の数に応じて，0 から S の $S+1$ 個の状態を考える。いま，保留中の呼の数が r である状態 r の確率を P_r とすると，すべての状態の確率の総和は 1 であるから式 (9.10) が成り立つ。

$$P_{r=0} + P_1 + \cdots + P_S = 1 \tag{9.10}$$

また，平均トラヒック密度 a_c は次式で表される。

$$a_c = \sum_{r=0}^{S} rP_r = P_1 + 2P_2 + \cdots + S \cdot P_S \tag{9.11}$$

微小時間では，呼の発生や終了は一つしか発生しないと仮定すると，隣り合う状態間でのみ遷移が発生する。呼の生起率を u，呼の保留時間の平均値を h（すなわち終了率を ④ ☐ ）とすると，状態遷移図は**図9.3**のように表される。

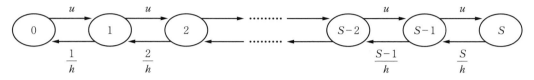

図9.3 状態遷移図

状態 r の確率 P_r は時刻によって変動するが，一定値に収束している平衡状態を考える。平衡状態では，状態0から状態1に移行するトラヒック密度と状態1から状態0に移行するトラヒック密度は等しくなるので，次式が成り立つ。

$$uP_0 = \frac{1}{h}P_1 \tag{9.12}$$

同様に，状態1から状態0と状態2のどちらかに移行するトラヒック密度は，状態0と状態2のどちらかから状態1に移行するトラヒック密度と等しくなるので，次式が成り立つ。

$$\left(u + \frac{1}{h}\right)P_1 = uP_0 + \frac{2}{h}P_2 \tag{9.13}$$

一般に，状態 r から隣の状態 $(r-1)$ または状態 $(r+1)$ のいずれかに移行するトラヒック密度は，隣の状態 $(r-1)$ または状態 $(r+1)$ のいずれかから状態 r に移行するトラヒック密度と等しくなるので，次式が成り立つ。

$$\left(u + \frac{r}{h}\right)P_r = uP_{r-1} + \frac{r+1}{h}P_{r+1} \tag{9.14}$$

以上より，$uh = a$ とすると次式が成り立つ。

$$\left.\begin{array}{l} aP_0 = P_1 \\ (a+1)P_1 = aP_0 + 2P_2 \\ (a+2)P_2 = aP_1 + 3P_3 \\ \quad\vdots \\ (a+S-1)P_{S-1} = aP_{S-2} + SP_S \\ SP_S = aP_{S-1} \end{array}\right\} \tag{9.15}$$

ここで，式 (9.12) を式 (9.13) に代入すれば，次式が得られる。

$$uhP_1 = 2P_2 \tag{9.16}$$

$uh = a$ であるので，式 (9.15) を式 (9.16) と同様に整理し直せば，次式が得られる。

$$aP_0 = P_1$$
$$aP_1 = 2P_2$$
$$aP_2 = 3P_3$$
$$\vdots$$
$$aP_{S-1} = SP_S$$

(9.17)

したがって，各状態の確率は P_0 を用いて次式で表される。

$$P_0 = P_0$$
$$P_1 = aP_0$$
$$P_2 = \frac{a^2}{2!} P_0$$
$$\vdots$$
$$P_S = \frac{a^S}{S!} P_0$$

(9.18)

ここで，式 (9.10) に式 (9.18) を代入することにより，P_0 は次式で表される。

$$P_0 = \frac{1}{1 + a + \frac{a^2}{2!} + \frac{a^3}{3!} + \cdots + \frac{a^S}{S!}}$$

(9.19)

すべてのチャネルが呼によって保留中であったときに発生する呼が呼損となるのであるから，状態 S の確率 P_S が呼損率になる。

$$P_S = \frac{\frac{a^S}{S!}}{1 + a + \frac{a^2}{2!} + \frac{a^3}{3!} + \cdots + \frac{a^S}{S!}}$$

(9.20)

式 (9.20) は**アーラン B 式**と呼ばれている。

ここで，式 (9.17) を用いれば，平均トラヒック密度 a_c は次式で表される。

$$a_c = \sum_{i=1}^{S} iP_i$$
$$= a \cdot (P_0 + P_1 + \cdots + P_{S-1})$$
$$= a \cdot (1 - P_S)$$
$$= a \cdot \frac{1 + a + \frac{a^2}{2!} + \frac{a^3}{3!} + \cdots + \frac{a^{S-1}}{(S-1)!}}{1 + a + \frac{a^2}{2!} + \frac{a^3}{3!} + \cdots + \frac{a^{S-1}}{(S-1)!} + \frac{a^S}{S!}}$$

(9.21)

図 9.4 に a をパラメータとした，アーラン B 式で表される呼損率を示す。この図から，呼損率 10^{-2} を得るためのチャネル数 S は $a = 20$ のとき $S = 30$，$a = 10$ のとき ⑤ 、$a = 1$ のとき ⑥ であることがわかる。

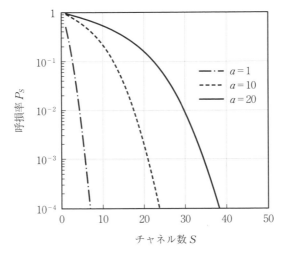

図9.4 アーランB式で表される呼損率

〔**例題9.1**〕

1セル内の呼の生起率 u は 50 erl/h だとする。また，保留時間は平均 h が6分の指数分布に従うとする。呼損率を1%にするためには何個のチャネルが必要か。

解

生起率 $u = 50$ erl/h，平均保留時間 $h = 6/60 = 1/10$ 時間より

$$uh = a = 5$$

式 (9.20) より $a = 5$ のときの呼損率 P_S を求めると，**図9.5** のようになる。同図より，呼損率1%を満たすチャネル数 S は 11 である。

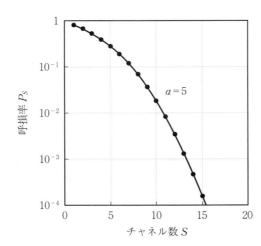

図9.5 呼損率

◆

9.2 待 時 系

電話はリアルタイムサービスなので，接続できないときは呼損となる。このような，発生した呼がすぐに接続されないと呼損となるシステムは**即時系**と呼ばれる。ところが，音楽や映像のダウンロードなどのデータ通信は非リアルタイムサービスであり，データが発生したときにすぐに接続できなくても，チャネルが空くのを待ってから接続させてもよい。このような，発生した呼がすぐに接続されない場合に，チャネルが空くのを待ってから接続されることを許容するシステムを**待時系**と呼ぶ。待時系のサービスに対する無線基地局のイメージを**図9.6**に示す（簡単のため，図9.2と同様にチャネル数と送受信機の数は一致すると仮定している）。

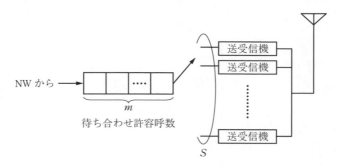

図9.6 待時系のサービスに対する無線基地局のイメージ

9.2.1 待ち合わせ許容呼数 m が無限大∞の場合

待ち合わせ許容呼数が無限大（$m = \infty$）の場合について考える。チャネル数を S，呼の生起率を u，呼の平均保留時間を h とする。**図9.7**に，待ち合わせ許容呼数が無限大の場合の状態遷移図を示す。

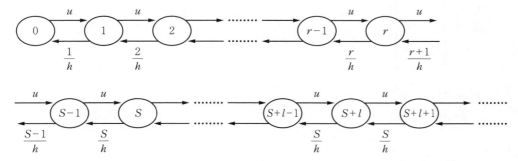

図9.7 待ち合わせ呼数が無限大の場合の状態遷移図

待ち合わせ許容呼数が無限大（$m = \infty$）なので，待ち合わせ呼も含めた保留中の呼の数 r に相当する状態 r は S を超えて無限個ある。また，$r \geq S$ のときの状態 r ではチャネルに接続されている呼の数（すなわち終了可能な呼の数）は S であるから，状態 r から状態 $(r-1)$ に移

行する確率は ⑦ 　　　　　 となる。平衡状態における各状態の関係は次式で表される。

$$uP_0 = \frac{1}{h}P_1$$

$$\left.\begin{array}{l}
\left(u+\dfrac{r}{h}\right)P_r = uP_{r-1} + \dfrac{r+1}{h}P_{r+1} \quad (1 \le r < S) \\[2mm]
\left(u+\dfrac{S}{h}\right)P_r = uP_{r-1} + \dfrac{S}{h}P_{r+1} \qquad (S \le r)
\end{array}\right\} \tag{9.22}$$

ここで，$uh=a$ とし，チャネルに接続されずに待っている呼の数を l とすると，$r>S$ のとき次式が成り立つ。

$$r = S + l \tag{9.23}$$

式 (9.23) を用いて，式 (9.22) を書き換えると次式が得られる。

$$\left.\begin{array}{l}
aP_0 = P_1 \\
(a+1)P_1 = aP_0 + 2P_2 \\
(a+2)P_2 = aP_1 + 3P_3 \\
\qquad \vdots \\
(a+S-1)P_{S-1} = aP_{S-2} + SP_S \\
(a+S)P_S = aP_{S-1} + SP_{S+1} \\
\qquad \vdots \\
(a+S)P_{S+l-1} = aP_{S+l-2} + SP_{S+1} \\
\qquad \vdots
\end{array}\right\} \tag{9.24}$$

ここで，式 (9.24) の 1 番目の式を 2 番目の式に代入すれば，⑧ 　　　　　 が得られる。同様に式 (9.24) を整理すれば，次式が得られる。

$$\left.\begin{array}{l}
aP_0 = P_1 \\
aP_1 = 2P_2 \\
aP_2 = 3P_3 \\
\qquad \vdots \\
aP_{S-1} = SP_S \\
aP_S = SP_{S+1} \\
\qquad \vdots \\
aP_{S+l-1} = SP_{S+l} \\
\qquad \vdots
\end{array}\right\} \tag{9.25}$$

したがって，状態 r の確率 P_r は次式で表される。

$$P_r = \begin{cases} \dfrac{a^r}{r!} P_0 & (1 \leq r < S) \\[3mm] \dfrac{a^S}{S!} \left(\dfrac{a}{S}\right)^{r-S} P_0 & (S \leq r) \end{cases} \tag{9.26}$$

ここで，すべての状態の確率の総和は1であるから，次式が成り立つ。

$$P_0 + P_1 + \cdots + P_S + P_{S+1} + \cdots + P_{S+l} + \cdots = 1 \tag{9.27}$$

式 (9.26) を式 (9.27) に代入することにより，次式が得られる。

$$\left[1 + a + \dfrac{a^2}{2!} + \cdots + \dfrac{a^{S-1}}{(S-1)!} + \dfrac{a^S}{S!}\left\{1 + \dfrac{a}{S} + \left(\dfrac{a}{S}\right)^2 + \cdots\right\}\right] P_0 = 1 \tag{9.28}$$

ここで，$\dfrac{a}{S} < 1$ であれば，次式が成り立つ。

$$1 + \dfrac{a}{S} + \left(\dfrac{a}{S}\right)^2 + \cdots = \dfrac{S}{S-a} \tag{9.29}$$

式 (9.29) を式 (9.28) に代入することにより，次式が得られる。

$$\begin{aligned} P_0 &= \dfrac{1}{1 + a + \dfrac{a^2}{2!} + \cdots + \dfrac{a^{S-1}}{(S-1)!} + \dfrac{a^S}{S!}\dfrac{S}{S-a}} \\[3mm] &= \dfrac{1}{\displaystyle\sum_{r=0}^{S-1} \dfrac{a^r}{r!} + \dfrac{a^S}{S!}\dfrac{S}{S-a}} \end{aligned} \tag{9.30}$$

式 (9.30) を式 (9.26) に代入することにより，状態 r の確率 P_r は次式で表される。

$$P_r = \begin{cases} \dfrac{\dfrac{a^r}{r!}}{\displaystyle\sum_{r=0}^{S-1} \dfrac{a^r}{r!} + \dfrac{a^S}{S!}\dfrac{S}{S-a}} & (0 < r \leq S) \\[6mm] \dfrac{\dfrac{a^S}{S!}\left(\dfrac{a}{S}\right)^{r-S}}{\displaystyle\sum_{r=0}^{S-1} \dfrac{a^r}{r!} + \dfrac{a^S}{S!}\dfrac{S}{S-a}} & (S \leq r) \end{cases} \tag{9.31}$$

　呼が発生しても，待ち合わせ許容呼数が無限大の場合には，呼損が発生することはない。呼が生起したとき待たなければならない（待ち呼となる）確率 W は次式で与えられる。

$$\begin{aligned} W &= \sum_{r=S}^{\infty} P_r \\[3mm] &= \dfrac{\dfrac{a^S}{S!}\dfrac{S}{S-a}}{\displaystyle\sum_{r=0}^{S-1} \dfrac{a^r}{r!} + \dfrac{a^S}{S!}\dfrac{S}{S-a}} \end{aligned} \tag{9.32}$$

式 (9.32) は**アーラン C 式**と呼ばれる。a をパラメータとした S に対するアーラン C 式で表される W を**図 9.8** に示す。

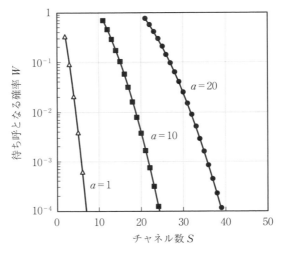

図 9.8 アーラン C 式で表される W

9.2.2 待ち合わせ許容呼数が有限の場合

前項では待ち合わせ許容呼数が無限大の場合について考えたが，実際のシステムでは，待ち合わせ呼をいつまでも待たせておくわけにはいかないし，待っている間に発生しているデータを保存しておく記憶回路にも制限がある。本項では，待ち合わせ許容呼数 m が制限されている場合について考える。**図 9.9** に，待ち合わせ許容呼数が m の場合の状態遷移図を示す。

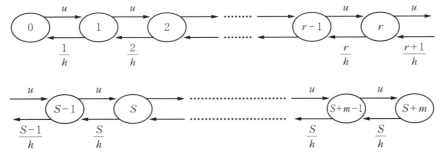

図 9.9 待ち合わせ許容呼数が m の場合の状態遷移図

状態 r の確率 P_r は，式 (9.26) と同様に次式で表される。

$$P_r = \begin{cases} \dfrac{a^r}{r!} P_0 & (1 \leq r < S) \\[2ex] \dfrac{a^S}{S!} \left(\dfrac{a}{S} \right)^{r-S} P_0 & (S \leq r) \end{cases} \tag{9.33}$$

チャネルに接続されず待っている呼の数 l（$=r-S$）が m のときに生起した呼は呼損となり，ただちに損失するから，待ち合わせ呼も含めた保留中の呼の数 r は ⑨ ☐ までしかな

い。各状態の確率の総和は 1 であるので，次式が成り立つ。

$$P_0 + P_1 + \cdots + P_S + P_{S+1} + \cdots + P_{S+m} = 1 \tag{9.34}$$

式 (9.33) を式 (9.34) に代入することにより，次式が得られる。

$$\left[1 + a + \frac{a^2}{2!} + \cdots + \frac{a^{S-1}}{(S-1)!} + \frac{a^S}{S!} \left\{ 1 + \frac{a}{S} + \left(\frac{a}{S} \right)^2 + \cdots + \left(\frac{a}{S} \right)^m \right\} \right] P_0 = 1 \tag{9.35}$$

ここで，式 (9.35) 中の等比級数の和は次式で与えられる。

$$1 + \frac{a}{S} + \left(\frac{a}{S} \right)^2 + \cdots + \left(\frac{a}{S} \right)^m = \frac{S}{S-a} \left\{ 1 - \left(\frac{a}{S} \right)^{m+1} \right\} \tag{9.36}$$

したがって，状態 0 の確率 P_0 は次式で表される。

$$P_0 = \frac{1}{\displaystyle\sum_{r=0}^{S-1} \frac{a^r}{r!} + \frac{a^S}{S!} \frac{S}{S-a} \left\{ 1 - \left(\frac{a}{S} \right)^{m+1} \right\}} \tag{9.37}$$

式 (9.37) を式 (9.33) に代入することにより，状態 r の確率 P_r は次式で表される。

$$P_r = \begin{cases} \dfrac{\dfrac{a^r}{r!}}{\displaystyle\sum_{r=0}^{S-1} \frac{a^r}{r!} + \frac{a^S}{S!} \frac{S}{S-a} \left\{ 1 - \left(\frac{a}{S} \right)^{m+1} \right\}} & (1 \le r < S) \\[4ex] \dfrac{\dfrac{a^S}{S!} \left(\dfrac{a}{S} \right)^{r-S}}{\displaystyle\sum_{r=0}^{S-1} \frac{a^r}{r!} + \frac{a^S}{S!} \frac{S}{S-a} \left\{ 1 - \left(\frac{a}{S} \right)^{m+1} \right\}} & (S \le r) \end{cases} \tag{9.38}$$

状態 $(S+m)$ のときに発生した呼が呼損となるのであるから，呼損率は ⑩ [　　　　] であり，次式で表される。

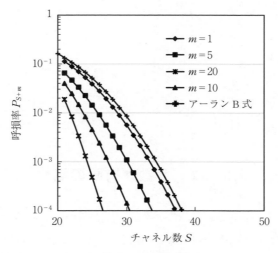

図 9.10 待ち合わせ許容呼数 m をパラメータ
とした S に対する呼損率

$$P_{S+m} = \frac{a^S}{S!}\left(\frac{a}{S}\right)^m P_0$$

$$= \frac{\dfrac{a^S}{S!}\left(\dfrac{a}{S}\right)^m}{\displaystyle\sum_{r=0}^{S-1}\frac{a^r}{r!}+\frac{a^S}{S!}\frac{S}{S-a}\left\{1-\left(\frac{a}{S}\right)^{m+1}\right\}} \tag{9.39}$$

待ち合わせ許容呼数 m をパラメータとした S に対する呼損率 P_{S+m} を**図 9.10** に示す。$m=0$ のときがアーラン B 式であり，m が大きくなるほど，呼損率が小さくなることがわかる。

発生した呼がすぐに送信されず待ち呼となる確率 W は，次式で与えられる。

$$W = \sum_{r=S}^{S+m-1} P_r$$

$$= \frac{a^S}{S!}\frac{1-\left(\dfrac{a}{S}\right)^m}{1-\left(\dfrac{a}{S}\right)}P_0$$

$$= \frac{\dfrac{a^S}{S!}\dfrac{1-\left(\dfrac{a}{S}\right)^m}{1-\left(\dfrac{a}{S}\right)}}{\displaystyle\sum_{r=0}^{S-1}\frac{a^r}{r!}+\frac{a^S}{S!}\frac{S}{S-a}\left\{1-\left(\frac{a}{S}\right)^{m+1}\right\}} \tag{9.40}$$

呼が生起したときにすぐに接続できない確率 Q は式 (9.39) と式 (9.40) の和となり，次式で表される。

$$Q = P_{S+m} + W$$

$$= \frac{\dfrac{a^S}{S!}\dfrac{1-\left(\dfrac{a}{S}\right)^{m+1}}{1-\left(\dfrac{a}{S}\right)}}{\displaystyle\sum_{r=0}^{S-1}\frac{a^r}{r!}+\frac{a^S}{S!}\frac{S}{S-a}\left\{1-\left(\frac{a}{S}\right)^{m+1}\right\}} \tag{9.41}$$

9.3　ユーザ数が有限の場合

前節までは，呼によって保留されているチャネル数にかかわらず，呼の発生率は一定としていた。これは，ユーザ数が無限大であることを仮定していることになる。ところが，実際には

ユーザ数は有限である。呼が保留中のユーザが呼を発生させることはなく，呼を発生させるのは呼が保留中ではないユーザだけである。したがって，呼の発生率も保留中の呼の数に応じて変化する。本節では，ユーザ数が有限の場合について考える。

9.3.1 即　時　系

1人のユーザが，時刻 t と $t+\Delta t$ の間の微小時間 Δt の間に呼を生起する確率を $\lambda \Delta t$ とし（ただし，$\lambda > 0$），Δt の時間内にほかのユーザが呼を生起する確率は無視できるものとする（すなわち，Δt の時間内に二つ以上の呼が同時に生起することはないものとする）。いま，ユーザ数を N 人とし，r 人のユーザがチャネルを使用していると仮定すると，Δt の時間に，ユーザ全体で一つの呼が生起する確率は $(N-r)\lambda \Delta t$ になる。ユーザ数を N 人，平均保留時間を h，チャネル数を S としたときの即時系の状態遷移図は**図 9.11** のようになる。

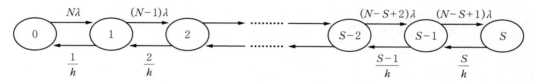

図 9.11　ユーザ数が N 人のときの即時系の状態遷移図

平衡状態では，状態 0 から状態 1 に移行するトラヒック密度と状態 1 から状態 0 に移行するトラヒック密度は等しくなるので，次式が成り立つ。

$$N\lambda P_0 = \frac{1}{h} P_1 \tag{9.42}$$

同様に，状態 1 から状態 0 と状態 2 のどちらかに移行するトラヒック密度は，状態 0 と状態 2 のどちらかから状態 1 に移行するトラヒック密度と等しくなるので，次式が成り立つ。

$$\left\{ (N-1)\lambda + \frac{1}{h} \right\} P_1 = N\lambda P_0 + \frac{2}{h} P_2 \tag{9.43}$$

一般に，状態 r から状態 $(r-1)$ と状態 $(r+1)$ のどちらかに移行するトラヒック密度は，状態 $(r-1)$ と状態 $(r+1)$ のどちらかから状態 r に移行するトラヒック密度と等しくなるので，次式が成り立つ。

$$\left\{ (N-1)\lambda + \frac{r}{h} \right\} P_r = (N-r+1)\lambda P_{r-1} + \frac{r+1}{h} P_{r+1} \tag{9.44}$$

ここで，式（9.42）を式（9.43）に代入することにより次式が得られる。

$$(N-1)\lambda P_1 = \frac{2}{h} P_2 \tag{9.45}$$

同様に整理すれば，次式が得られる。

$$N\lambda P_0 = \frac{1}{h}P_1$$
$$(N-1)\lambda P_1 = \frac{2}{h}P_2$$
$$(N-2)\lambda P_2 = \frac{3}{h}P_3$$
$$\vdots$$
$$(N-S+1)\lambda P_{S-1} = \frac{S}{h}P_S \qquad (9.46)$$

式 (9.46) の両辺を入れ替え，整理すると次式が得られる。

$$P_1 = N\lambda h P_0$$
$$P_2 = \frac{(N-1)}{2}\lambda h P_1$$
$$P_3 = \frac{(N-2)}{3}\lambda h P_2$$
$$\vdots$$
$$P_S = \frac{(N-S+1)}{S}\lambda h P_{S-1} \qquad (9.47)$$

式 (9.47) の各式を P_0 を用いて表せば，次式が得られる。

$$P_1 = N\lambda h P_0 = {}_N C_1 (\lambda h) P_0$$
$$P_2 = \frac{N(N-1)}{2}(\lambda h)^2 P_0 = {}_N C_2 (\lambda h)^2 P_0$$
$$P_3 = \frac{N(N-1)(N-2)}{3\cdot 2}(\lambda h)^3 P_0 = {}_N C_3 (\lambda h)^3 P_0$$
$$\vdots$$
$$P_S = \frac{N(N-1)\cdots(N-S+1)}{S(S-1)\cdots 2}(\lambda h)^S P_0 = {}_N C_S (\lambda h)^S P_0 \qquad (9.48)$$

ここで，すべての状態の確率の総和は 1 であるから，次式が成り立つ。

$$P_0 + P_1 + \cdots + P_S = 1 \qquad (9.49)$$

式 (9.48) を式 (9.49) に代入することにより，状態 0 の確率 P_0 は次式で表される。

$$P_0 = \frac{1}{1 + {}_N C_1 (\lambda h) + {}_N C_2 (\lambda h)^2 + \cdots + {}_N C_S (\lambda h)^S} \qquad (9.50)$$

同様に，状態 r の確率 P_r は次式で表される。

$$P_r = {}_N C_r (\lambda h)^r P_0$$
$$= \frac{{}_N C_r (\lambda h)^r}{1 + {}_N C_1 (\lambda h) + {}_N C_2 (\lambda h)^2 + \cdots + {}_N C_S (\lambda h)^S} \qquad (9.51)$$

ここで，P_r は状態 r の確率であることに注意を要する。呼が生起する確率は状態によって異なるので，ある呼が生起したときに r 個の呼が同時接続している確率 b_r は P_r とは異なる。いいかえると，呼損率 b_S は，P_S と等しくならない。保留中の呼の数が r のときの平均生起呼数密度は $(N-r)\lambda$ であるから，r が $0 \sim S$ のすべてについて平均した平均生起呼数密度 c は次式で表される。

$$c = \sum_{r=0}^{S} (N-r)\lambda P_r$$
$$= N\{{}_{N-1}C_0 + {}_{N-1}C_1(\lambda h) + {}_{N-1}C_2(\lambda h)^2 + \cdots + {}_{N-1}C_S(\lambda h)^S\}\lambda P_0 \tag{9.52}$$

式 (9.52) で表される c のうち，$(N-r)\lambda P_r$ が同時接続数 r の状態で発生することになるので，b_r は次式で表される。

$$b_r = \frac{(N-r)\lambda P_r}{c} = {}_{N-1}C_r N(\lambda h)^r \frac{\lambda P_0}{c} \tag{9.53}$$

呼損となるのは，S 個のチャネルすべてが使われているときに発生する呼なので，呼損率は b_S となり，次式で表される。

$$b_S = \frac{{}_{N-1}C_S(\lambda h)^S}{1 + {}_{N-1}C_1(\lambda h) + {}_{N-1}C_2(\lambda h)^2 + \cdots + {}_{N-1}C_S(\lambda h)^S} \tag{9.54}$$

また，チャネルがすべて使用されている時間率，すなわち時間輻輳率は P_S となり，次式で表される。

$$P_S = \frac{{}_NC_S(\lambda h)^S}{1 + {}_NC_1(\lambda h) + {}_NC_2(\lambda h)^2 + \cdots + {}_NC_S(\lambda h)^S} \tag{9.55}$$

〔例題 9.2〕

　1 セル内に 3 000 人のユーザがいるとし，各ユーザの生起率 λ は 0.1 erl/h だとする。また，保留時間は平均 h が 2 分の指数分布に従うとする。呼損率を 1% にするために必要なチャネル数 S を求めよ。

解

式 (9.54) において

$$N = 3\,000$$
$$\lambda = 0.1 \text{ erl/h}$$
$$h = \frac{2}{60} \text{時間}$$

とすると，呼損率 b_S は次式で表される。

$$b_S = \frac{{}_{N-1}C_S(\lambda h)^S}{1 + {}_{N-1}C_1(\lambda h) + {}_{N-1}C_2(\lambda h)^2 + \cdots + {}_{N-1}C_S(\lambda h)^S}$$

$$= \frac{{}_{2\,999}\mathrm{C}_S \left(\dfrac{1}{300}\right)^S}{1 + {}_{2\,999}\mathrm{C}_1 \dfrac{1}{300} + {}_{2\,999}\mathrm{C}_2 \left(\dfrac{1}{300}\right)^2 + \cdots + {}_{2\,999}\mathrm{C}_S \left(\dfrac{1}{300}\right)^S}$$

b_S のグラフを求めると**図9.12**のようになる。

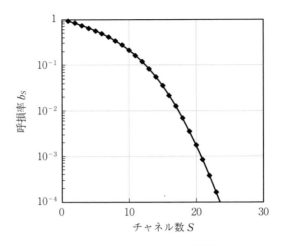

図9.12 チャネル数 S に対する呼損率 b_S

図9.12より，必要なチャネル数は18である。

　ところで，ユーザ数3000人，各ユーザの生起率0.1 erl/hであるので，ユーザ全体の呼の生起率 u は 300 erl/h である。平均保留時間 h は $2/60 = 1/30$ 時間であるので，図9.4において，$uh = a = 10$ の場合と比較すると，図9.12とほぼ一致していることがわかる。すなわち，3000人のユーザのときには，無限大のユーザがいるとみなすことができる。　　　　　　　　◆

9.3.2　待　時　系

　ユーザ数 N が有限の場合，待ち合わせ呼も含めた保留中の呼の数 r によって呼の発生率が変わる。この点に注意しつつ，待時系の場合についてもユーザ数 N が無限大の場合と同様に

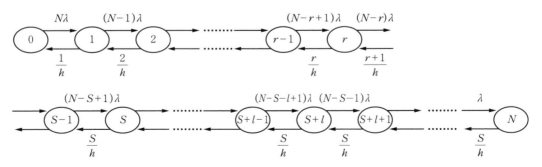

図9.13　ユーザ数が N 人のときの待時系の状態遷移図

待ち呼となる確率 W を求めることができる。いま，チャネル数を S，許容可能な待ち呼数を m，各ユーザの生起率を λ，平均保留時間を h とする（簡単のため，$N \leqq S+m$ の場合について考える）このとき，状態の数は，0から N までの $N+1$ 個である。**図 9.13** にユーザ数が N 人のときの待時系の状態遷移図を示す。

平衡状態における各状態の関係は次式で表される。

$$\left.\begin{array}{l} N\lambda P_0 = \dfrac{1}{h}P_1 \\[2mm] \left\{(N-r)\lambda + \dfrac{r}{h}\right\}P_r = (N-r+1)\lambda P_{r-1} + \dfrac{r+1}{h}P_{r+1} \quad (1 \leq r < S) \\[2mm] \left\{(N-r)\lambda + \dfrac{S}{h}\right\}P_r = (N-r+1)\lambda P_{r-1} + \dfrac{S}{h}P_{r+1} \quad (S \leq r < N) \\[2mm] \dfrac{S}{h}P_N = \lambda P_{N-1} \end{array}\right\} \tag{9.56}$$

式 (9.56) を整理すれば，次式が得られる。

$$P_r = \begin{cases} \dfrac{N(N-1)\cdots(N-r+1)}{r!}(\lambda h)^r P_0 = {}_N C_r (\lambda h)^r P_0 \quad (1 \leq r < S) \\[3mm] \dfrac{(N-S)(N-S-1)\cdots(N-r+1)}{S^{r-S}}(\lambda h)^{r-S}P_S \\[3mm] \quad = \dfrac{(N-S)!}{(N-r)!}\left(\dfrac{\lambda h}{S}\right)^{r-S}{}_N C_S (\lambda h)^S P_0 \quad (S \leq r < N) \end{cases} \tag{9.57}$$

ここで，各状態の確率の総和は1となるので，次式が得られる。

$$P_0 + P_1 + \cdots + P_S + P_{S+1} + \cdots + P_N = 1 \tag{9.58}$$

式 (9.57) を式 (9.58) に代入することにより，P_0 は次式で表される。

$$P_0 = \dfrac{1}{\displaystyle\sum_{r=0}^{S-1} {}_N C_r (\lambda h)^r + {}_N C_S (N-S)!(\lambda h)^S \sum_{r=S}^{N} \dfrac{1}{(N-r)!}\left(\dfrac{\lambda h}{S}\right)^{r-S}} \tag{9.59}$$

式 (9.59) を式 (9.57) に代入することにより，P_r は次式で表される。

$$P_r = \begin{cases} \dfrac{{}_N C_r (\lambda h)^r}{\displaystyle\sum_{r=0}^{S-1} {}_N C_r (\lambda h)^r + {}_N C_S (N-S)!(\lambda h)^S \sum_{r=S}^{N} \dfrac{1}{(N-r)!}\left(\dfrac{\lambda h}{S}\right)^{r-S}} \quad (1 \leq r < S) \\[6mm] \dfrac{\dfrac{(N-S)!}{(N-r)!}\left(\dfrac{\lambda h}{S}\right)^{r-S}{}_N C_S (\lambda h)^S}{\displaystyle\sum_{r=0}^{S-1} {}_N C_r (\lambda h)^r + {}_N C_S (N-S)!(\lambda h)^S \sum_{r=S}^{N} \dfrac{1}{(N-r)!}\left(\dfrac{\lambda h}{S}\right)^{r-S}} \quad (S \leq r \leq N) \end{cases} \tag{9.60}$$

ユーザ数 N が有限なので，前項と同様に，ある呼が生起したときに r 個の呼が保留中である確率 b_r は P_r とは異なる。平均生起呼数密度 c は次式で表される。

$$c = \sum_{r=0}^{N} (N-r)\lambda P_r$$

$$= N\lambda \left\{ \sum_{r=0}^{S-1} {}_{N-1}C_r(\lambda h)^r + {}_{N-1}C_S(N-1-S)!(\lambda h)^S \sum_{r=S}^{N-1} \frac{1}{(N-r-1)!} \left(\frac{\lambda h}{S} \right)^{r-S} \right\} P_0 \qquad (9.61)$$

式 (9.61) で表される c のうち, $(N-r)\lambda P_r$ が保留中の呼の数が r の状態で発生することになるので, b_r は次式で表される。

$$b_r = \frac{(N-r)\lambda P_r}{c} \qquad (9.62)$$

式 (9.62) に $r=0$ を代入し, さらに式 (9.61) を代入すれば次式が得られる。

$$b_0 = \frac{1}{\sum_{r=0}^{S-1} {}_{N-1}C_r(\lambda h)^r + {}_{N-1}C_S(N-1-S)!(\lambda h)^S \sum_{r=S}^{N-1} \frac{1}{(N-r-1)!} \left(\frac{\lambda h}{S} \right)^{r-S}} \qquad (9.63)$$

式 (9.62) に式 (9.57) と式 (9.61) を代入すれば, 次式が得られる。

$$b_r = \begin{cases} \dfrac{{}_{N-1}C_r(\lambda h)^r}{\sum_{r=0}^{S-1} {}_{N-1}C_r(\lambda h)^r + {}_{N-1}C_S(N-1-S)!(\lambda h)^S \sum_{r=S}^{N-1} \frac{1}{(N-r-1)!} \left(\frac{\lambda h}{S} \right)^{r-S}} & (0 < r < S) \\[4ex] \dfrac{{}_{N-1}C_S(\lambda h)^S \frac{(N-1-S)!}{(N-r-1)!} \left(\frac{\lambda h}{S} \right)^{r-S}}{\sum_{r=0}^{S-1} {}_{N-1}C_r(\lambda h)^r + {}_{N-1}C_S(N-1-S)!(\lambda h)^S \sum_{r=S}^{N-1} \frac{1}{(N-r-1)!} \left(\frac{\lambda h}{S} \right)^{r-S}} & (S \le r \le N-1) \end{cases}$$

$$(9.64)$$

$N \le S+m$ の場合には呼損は発生しない。発生した呼がすぐに接続されず, 待ち呼となる確率 W は次式で表される。

$$W = b_S + b_{S+1} + \cdots + b_{N-1}$$

$$= {}_{N-1}C_S(N-1-S)!(\lambda h)^S b_0 \sum_{r=S}^{N-1} \frac{1}{(N-r-1)!} \left(\frac{\lambda h}{S} \right)^{r-S} \qquad (9.65)$$

演習問題

【9.1】 ATM を設置している銀行を考える。ポアソン分布に従って, 1 時間当り 60 人の ATM 利用客が訪れるとし ($u = 60 \, \mathrm{erl/h}$), ATM の利用時間は平均 5 分の指数分布に従うものとする ($h = 5$ 分)。訪れた客は, ATM を利用できるまであきらめずに待ち続けるとするとき, 客が待たずに ATM を利用できる確率を 10% 以下とするには何台の ATM を設置すればよいか。

【9.2】 $S = 12$ 席のカウンター席からなるラーメン店を考える。客が待つスペースはなく, 満席の場合に訪れる客は帰ってしまうものとする。ポアソン分布に従って 1 時間当り 40 人の客が訪れるものとし ($u = 40 \, \mathrm{erl/h}$), 席についてから立ち去るまでの時間は平均

15分の指数分布に従うものとするとき（$h=5$分），以下の各問に答えよ。

（1）客が満席のため食べずに帰ってしまう確率を求めよ。

（2）カウンター席が満席の場合にも待つことができるように m 個のイスを入り口に設けた。カウンター席が満席の場合に訪れたお客は入り口のイスに座って待つものとし，もしも入り口のイスも満席の場合には客は帰ってしまうものとする。また，入り口のイスからカウンター席への移動時間は無視できるものとする。客が入り口のイスも満席のため食べずに帰ってしまう確率を5%以下にするためには，m をいくつにすればよいか。

引用・参考文献

1) 安達文幸：通信システム工学，朝倉書店（2007）
2) 無線百話出版委員会 編：無線百話 ― マルコーニから携帯電話まで ―，クリエイトクルーズ（1997）
3) 倉石源三郎：増幅のはなし，日刊工業新聞社（1983）
4) 瀧 保夫：情報論I ― 情報伝送の理論 ―，岩波書店（1978）
5) 今井秀樹：情報理論，昭晃堂（1984）
6) 田中和之，林 正彦，海老澤丕道：電子情報系の応用数学，朝倉書店（2007）
7) 斉藤洋一：ディジタル無線通信の変復調，電子情報通信学会（1996）
8) Stein, S., Jones, J. 著，関 英男 監訳，野坂邦史・柳平英孝 訳：現代の通信回線理論 ― データ通信への応用 ―，森北出版（1970）
9) 奥村善久，進士昌明 監修：移動通信の基礎，電子情報通信学会（1986）
10) 進士昌明 編：移動通信，丸善（1989）
11) Jakes, W. C.：Microwave Mobile Communications，John Wiley & Sons（1974）
12) 横山光雄：スペクトル拡散通信システム，科学技術出版社（1988）
13) 岡 育生：ディジタル通信の基礎，森北出版（2009）
14) 鈴木利則：通信システム工学，コロナ社（2017）
15) 田中 博，風間宏志：よくわかるワイヤレス通信，東京電機大学出版局（2009）
16) 滑川敏彦，奥井重彦，衣斐信介：通信方式 第2版，森北出版（2012）
17) 雁部穎一：改訂 電話トラヒック理論とその応用，電子情報通信学会（1970）

演習問題解答

1 章
【1.1】
$$10 \log_{10} \frac{1}{1 \times 10^{-3}} = 10 \log_{10} 10^3 = 30 \text{ dBm}$$

【1.2】
$$\frac{1+3j}{1-j} = \frac{(1+3j)(1+j)}{(1-j)(1+j)} = \frac{1+j+3j-3}{1+1} = \frac{-2+4j}{2} = -1+2j$$

（1）　$\mathrm{Re}\left[\dfrac{1+3j}{1-j}\right] = -1$

（2）　$\mathrm{Im}\left[\dfrac{1+3j}{1-j}\right] = 2$

【1.3】
（1）　式 (1.67) より
$$\bar{x} = \int_{-\infty}^{\infty} x f(x) dx = \int_0^1 x dx = \left[\frac{x^2}{2}\right]_0^1 = \frac{1}{2}$$

（2）　式 (1.68) より
$$\sigma^2 = \overline{x^2} - (\bar{x})^2 = \int_{-\infty}^{\infty} x^2 f(x) dx - (\bar{x})^2$$
$$= \int_0^1 x^2 dx - (\bar{x})^2 = \left[\frac{x^3}{3}\right]_0^1 - \left(\frac{1}{2}\right)^2 = \frac{1}{3} - \frac{1}{4} = \frac{1}{12}$$

2 章
【2.1】
（1）　**解図 2.1**, **解表 2.1** のようになる。

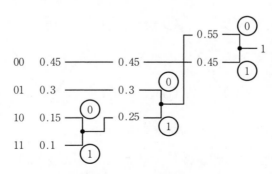

解図 2.1　ハフマン符号化の木

解表 2.1 ハフマン符号

情報源符号	発生確率	ハフマン符号
00	0.45	1
01	0.3	00
10	0.15	010
11	0.1	011

（2） 平均符号長＝0.45×1＋0.3×2＋0.15×3＋0.1×3＝1.8

【2.2】

① ブランチメトリックとして，受信語と符号語との間のハミング距離を計算し，トレリス図に記入する（**解図 2.2**）。

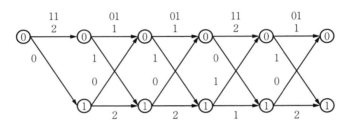

解図 2.2 途中図 1

② 最終時点までパスメトリックを計算する（**解図 2.3**）。

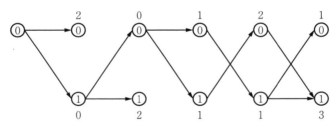

解図 2.3 途中図 2

③ 不要なパスを削除する（**解図 2.4**）。

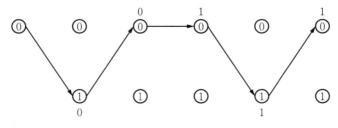

解図 2.4 途中図 3

④ 生き残りパスに対応した受信情報語を求める。この図の場合，1, 0, 0, 1, 0 である。

【2.3】

1 符号語の中に，誤りが発生しない確率 p_0 は

$$p_0 = (1-p)^7 \cong 1 - 7p + 21p^2$$

1 符号語中，誤りが 1 ビット発生する確率 p_1 は

$$p_1 = 7p(1-p)^6 \cong 7p - 42p^2$$

したがって，符号語が正しく復号されない確率 p_w は

$$p_w = 1 - (p_0 - p_1) \cong 21p^2$$

符号語が誤りとなるのは，符号語中に 2 ビット誤りが発生しているときが支配的であり，このとき，誤訂正により，符号語中に 3 ビット誤りが発生しているときが支配的であると考えられる。したがって，ハミング符号適用後の平均ビット誤り率 p_H は

$$p_H \cong \frac{3}{7}\, p_w \cong 9p^2$$

3 章

【3.1】

式 (3.17) より

・$n = 0$ のとき

$$G_0 = \frac{1}{T}\int_{-\frac{T}{2}}^{\frac{T}{2}} g(t)dt = \frac{1}{T}\int_{-\frac{T}{4}}^{\frac{T}{4}} 1\, dt = \frac{1}{T}\left[t\right]_{-\frac{T}{4}}^{\frac{T}{4}} = \frac{T}{2}$$

・$n \neq 0$ のとき

$$G_n = \frac{1}{T}\int_{-\frac{T}{2}}^{\frac{T}{2}} g(t)\exp\left(-j\frac{2n\pi}{T}t\right)dt = \frac{1}{T}\int_{-\frac{T}{4}}^{\frac{T}{4}}\exp\left(-j\frac{2n\pi}{T}t\right)dt$$

$$= \frac{1}{T}\left[-\frac{T}{j2n\pi}\exp\left(-j\frac{2n\pi}{T}t\right)\right]_{-\frac{T}{4}}^{\frac{T}{4}}$$

$$= \frac{j}{2n\pi}\left\{\exp\left(-j\frac{n\pi}{2}\right) - \exp\left(j\frac{n\pi}{2}\right)\right\} = \frac{\sin\frac{n\pi}{2}}{n\pi}$$

したがって

$$g(t) = \sum_{n=-\infty}^{+\infty} G_n \exp\left(j\frac{2n\pi}{T}t\right)$$

$$= \sum_{n=-\infty}^{1} \frac{\sin\frac{n\pi}{2}}{n\pi}\exp\left(j\frac{2n\pi}{T}t\right) + \frac{T}{2} + \sum_{n=1}^{+\infty} \frac{\sin\frac{n\pi}{2}}{n\pi}\exp\left(j\frac{2n\pi}{T}t\right)$$

$$= \frac{T}{2} + \sum_{n=1}^{+\infty}\frac{\sin\frac{n\pi}{2}}{n\pi}\exp\left(-j\frac{2n\pi}{T}t\right) + \sum_{n=1}^{+\infty}\frac{\sin\frac{n\pi}{2}}{n\pi}\exp\left(j\frac{2n\pi}{T}t\right)$$

以上で複素数形フーリエ級数展開されたが，上式にオイラーの公式を適応すると

$$g(t) = \frac{T}{2} + \sum_{n=1}^{+\infty}\frac{\sin\frac{n\pi}{2}}{n\pi}\cos\frac{2n\pi}{T}t$$

ここで，基本周波数 $f_0 = \frac{1}{T}$ とすると，上式は次式のようになる。

$$g(t) = \frac{T}{2} + \sum_{n=1}^{+\infty} \frac{\sin \frac{n\pi}{2}}{n\pi} \cos 2\pi n f_0 t$$

ところで

$$n = 2m \quad (m=1,2,3\cdots) \text{ のとき, } \sin m\pi = 0$$

$$n = 2m-1 \quad (m=1,2,3\cdots) \text{ のとき, } \sin \frac{(2m-1)\pi}{2} = (-1)^{m-1}$$

であるから

$$g(t) = \frac{T}{2} + \sum_{n=1}^{+\infty} \frac{(-1)^{n-1}}{(2n-1)\pi} \cos 2\pi(2n-1) f_0 t$$

【3.2】

$$g(t) = \sin(2\pi f_0 t) = \frac{\exp(j2\pi f_0 t) - \exp(-j2\pi f_0 t)}{2j}$$

より

$$G(f) = \int_{-\infty}^{\infty} g(t)\exp(-j2\pi f t)dt$$

$$= \int_{-\infty}^{\infty} \frac{\exp(j2\pi f_0 t) - \exp(-j2\pi f_0 t)}{2j} \exp(-j2\pi f t)dt$$

$$= \frac{1}{2j}\int_{-\infty}^{\infty} \{\exp(-j2\pi(f-f_0)t) - \exp(-j2\pi(f+f_0)t)\}dt$$

$$= \frac{\delta(f-f_0) - \delta(f+f_0)}{2j}$$

【3.3】

$$G(f) = \int_{-\infty}^{\infty} g(t)\exp(-j2\pi f t)dt = \int_{-\tau}^{\tau} \frac{1}{2\tau}\exp(-j2\pi f t)dt$$

$$= \left[-\frac{1}{j4\pi f \tau}\exp(-j2\pi f t) \right]_{-\tau}^{\tau}$$

$$= \frac{-\exp(-j2\pi f \tau) + \exp(j2\pi f \tau)}{j4\pi f \tau}$$

$$= \frac{-\cos 2\pi f \tau + j\sin 2\pi f \tau + \cos 2\pi f \tau + j\sin 2\pi f \tau}{j4\pi f \tau}$$

$$= \frac{\sin 2\pi f \tau}{2\pi f \tau}$$

この問題は例題 3.3 の結果と，縮尺性の性質を利用して解くこともできる。すなわち，例題 3.3 より

$$g(t) = \begin{cases} \frac{1}{\tau} & \left(|t| \le \frac{\tau}{2}\right) \\ 0 & \left(|t| > \frac{\tau}{2}\right) \end{cases}$$

のフーリエ変換 $G(f)$ は次式で表される。

$$G(f) = \frac{\sin \pi f \tau}{\pi f \tau}$$

式 (3.68), (3.69) より

$$\mathcal{F}[\alpha g(\alpha t)] = G\left(\frac{f}{\alpha}\right)$$

ここで, $\alpha = \frac{1}{2}$ とし, $g'(t) = \alpha g(\alpha t)$, $\mathcal{F}[g'(t)] = G'(f)$ とすると

$$g'(t) = \alpha g(\alpha t) = \frac{1}{2} g\left(\frac{t}{2}\right)$$

$$= \begin{cases} \dfrac{1}{2\tau} & \left(\left|\dfrac{t}{2}\right| \leq \dfrac{\tau}{2}\right) \\ 0 & \left(\left|\dfrac{t}{2}\right| > \dfrac{\tau}{2}\right) \end{cases}$$

$$= \begin{cases} \dfrac{1}{2\tau} & (|t| \leq \tau) \\ 0 & (|t| > \tau) \end{cases}$$

$$G'(f) = G\left(\frac{f}{\alpha}\right) = G(2f)$$

$$= \frac{\sin 2\pi f \tau}{2\pi f \tau}$$

4章
【4.1】

$$h_{LPF}(t) = \int_{-f_L}^{f_L} \exp(j2\pi f t) df$$

$$= \left[\frac{\exp(j2\pi f t)}{j2\pi t}\right]_{-f_L}^{f_L}$$

$$= \frac{\exp(j2\pi f_L t) - \exp(-j2\pi f_L t)}{j2\pi t}$$

$$= \frac{\cos(2\pi f_L t) + j\sin(2\pi f_L t) - \cos(2\pi f_L t) + j\sin(2\pi f_L t)}{j2\pi(t - t_0)}$$

$$= \frac{j2\sin(2\pi f_L t)}{j2\pi t}$$

$$= 2f_L \frac{\sin 2\pi f_L t}{2\pi f_L t}$$

なお, 上式に対して, $h_{LPF}(t - t_0)$ を求めれば

$$h_{LPF}(t - t_0) = 2f_L \frac{\sin 2\pi f_L(t - t_0)}{2\pi f_L(t - t_0)}$$

となり, フーリエ変換の時間シフト特性より, $h_{LPF}(t - t_0)$ のフーリエ変換は

$$H_{LPF}(f) = \begin{cases} \exp(-j2\pi f t_0) & (|f| \leq f_L) \\ 0 & (|f| > f_L) \end{cases}$$

となり, 4.3節の理想低域通過フィルタの式 (4.9) と式 (4.10) の関係を導くことができる。

【4.2】

$$h_{BPF}(t) = \int_{-f_H}^{-f_L} \exp(j2\pi ft)df + \int_{f_L}^{f_H} \exp(j2\pi ft)df$$

$$= 2\int_{f_L}^{f_H} \cos(2\pi ft)df$$

$$= 2\frac{\sin(2\pi f_H t) - \sin(2\pi f_L t)}{2\pi t}$$

ここで，$B = f_H - f_L$，$f_c = \dfrac{f_H + f_L}{2}$ とおくと

$$h_{BPF}(t) = 2\frac{\sin\left(2\pi\dfrac{2f_c + B}{2}t\right) - \sin\left(2\pi\dfrac{2f_c - B}{2}t\right)}{2\pi t}$$

$$= 2\frac{\sin(2\pi f_c t)\cos(\pi Bt) + \cos(2\pi f_c t)\sin(\pi Bt) - \sin(2\pi f_c t)\cos(\pi Bt) + \cos(2\pi f_c t)\sin(\pi Bt)}{2\pi t}$$

$$= 2B\frac{\sin\pi Bt}{\pi Bt}\cos(2\pi f_c t)$$

5 章

【5.1】

2^nQAM では 1 シンボル当り n ビット伝送可能であるから，$64 = 2^6$ より，64QAM は 1 シンボル当り 6 ビット伝送できる。$256 = 2^8$ より，256QAM は 1 シンボル当り 8 ビット伝送できる。

【5.2】

時間区間 $kT \leq t < k(T+1)$ における送信符号を a_k とすると，位相 $\phi(t)$ は次式のようになる。

$$\phi(t) = \begin{cases} \dfrac{\pi}{4} & (a_k = 11 \text{ のとき}) \\[2mm] \dfrac{3\pi}{4} & (a_k = 01 \text{ のとき}) \\[2mm] \dfrac{5\pi}{4} & (a_k = 00 \text{ のとき}) \\[2mm] \dfrac{7\pi}{4} & (a_k = 10 \text{ のとき}) \end{cases}$$

$\alpha(t) = 1$ とすると，式 (5.6) より被変調波 $s(t)$ は次式のように表される。

$$s(t) = \sqrt{2S}\cos(2\pi f_c t + \phi(t))$$

$$= \begin{cases} \sqrt{2S}\cos\left(2\pi f_c t + \dfrac{\pi}{4}\right) & (a_k = 11 \text{ のとき}) \\[2mm] \sqrt{2S}\cos\left(2\pi f_c t + \dfrac{3\pi}{4}\right) & (a_k = 01 \text{ のとき}) \\[2mm] \sqrt{2S}\cos\left(2\pi f_c t + \dfrac{5\pi}{4}\right) & (a_k = 00 \text{ のとき}) \\[2mm] \sqrt{2S}\cos\left(2\pi f_c t + \dfrac{7\pi}{4}\right) & (a_k = 10 \text{ のとき}) \end{cases}$$

被変調波の等価低域表現 $\sqrt{2S}\{I(t) + jQ(t)\}$ は，式 (5.7) より次式のように表される。

$$\sqrt{2S}\{I(t)+jQ(t)\}=\sqrt{2S}\{\cos\phi(t)+j\sin\phi(t)\}$$

$$=\begin{cases}\sqrt{2S}\left(\cos\dfrac{\pi}{4}+j\sin\dfrac{\pi}{4}\right)=\sqrt{S}\,(1+j) & (a_k=11\ \text{のとき})\\[2mm]\sqrt{2S}\left(\cos\dfrac{3\pi}{4}+j\sin\dfrac{3\pi}{4}\right)=\sqrt{S}\,(-1+j) & (a_k=01\ \text{のとき})\\[2mm]\sqrt{2S}\left(\cos\dfrac{5\pi}{4}+j\sin\dfrac{5\pi}{4}\right)=\sqrt{S}\,(1+j) & (a_k=00\ \text{のとき})\\[2mm]\sqrt{2S}\left(\cos\dfrac{7\pi}{4}+j\sin\dfrac{7\pi}{4}\right)=\sqrt{S}\,(1-j) & (a_k=10\ \text{のとき})\end{cases}$$

6章

【6.1】

BPSK，QPSK の平均ビット誤り率は式 (6.33) で与えられる。

$$p=\frac{1}{2}\,\mathrm{erfc}\left(\sqrt{\frac{E_b}{N_0}}\right)$$

ここで，Excel を用いて計算すると

$$\frac{E_b}{N_0}=6.7\ \mathrm{dB}\ \text{のとき，}\ p=0.001\,11\cdots$$

$$\frac{E_b}{N_0}=6.8\ \mathrm{dB}\ \text{のとき，}\ p=0.000\,98\cdots$$

したがって，BPSK，QPSK の所要 $\dfrac{E_b}{N_0}$ は 6.8 dB である。

また，8PSK の平均ビット誤り率は式 (6.34) で与えられる。

$$p=\frac{7}{24}\,\mathrm{erfc}\left(\sqrt{3\frac{E_b}{N_0}}\sin\left(\frac{\pi}{8}\right)\right)$$

ここで，Excel を用いて計算すると

$$\frac{E_b}{N_0}=9.8\ \mathrm{dB}\ \text{のとき，}\ p=0.001\,09\cdots$$

$$\frac{E_b}{N_0}=9.9\ \mathrm{dB}\ \text{のとき，}\ p=0.000\,98\cdots$$

したがって，8PSK の所要 $\dfrac{E_b}{N_0}$ は 9.9 dB である。

加えて，16QAM の平均ビット誤り率は式 (6.35) で与えられる。

$$p=\frac{3}{8}\,\mathrm{erfc}\left(\sqrt{\frac{2}{5}\cdot\frac{E_b}{N_0}}\right)$$

ここで，Excel を用いて計算すると

$$\frac{E_b}{N_0}=10.5\ \mathrm{dB}\ \text{のとき，}\ p=0.001\,02\cdots$$

$$\frac{E_b}{N_0}=10.6\ \mathrm{dB}\ \text{のとき，}\ p=0.000\,91\cdots$$

したがって，16QAM の所要 $\dfrac{E_b}{N_0}$ は 10.6 dB である。

【6.2】

BPSK 遅延検波の平均ビット誤り率は式 (6.42) で与えられる。

$$p = \frac{1}{2}\exp\left(-\frac{E_b}{N_0}\right)$$

式 (6.42) を変形すると

$$\frac{E_b}{N_0} = -\frac{\log_{10}p + \log_{10}2}{\log_{10}e}$$

上式に $p = 10^{-3}$ を代入すると

$$\frac{E_b}{N_0} = 6.214\cdots$$

デシベル表記すると，$7.934\cdots$ dB となる。したがって，求める所要 $\frac{E_b}{N_0}$ は 8.0 dB である。

7 章

【7.1】

ユーザ A の拡散符号で逆拡散すると

$$0\times1+0\times1+2\times1+2\times1 = 4$$

ユーザ B の拡散符号で逆拡散すると

$$0\times1+0\times(-1)+2\times1+2\times(-1) = 0$$

ユーザ C の拡散符号で逆拡散すると

$$0\times1+0\times1+2\times(-1)+2\times(-1) = -4$$

ユーザ D の拡散符号で逆拡散すると

$$0\times1+0\times(-1)+2\times(-1)+2\times1 = 0$$

以上より，ユーザ A が 1 を，ユーザ C が -1 を送信した。

【7.2】

求める平均値を E とすると

$$E = \sum_{k=1}^{\infty} kP(k) = \sum_{k=1}^{\infty} k\frac{G^k}{k!}e^{-G}$$

$$= Ge^{-G}\sum_{k=1}^{\infty}\frac{G^{k-1}}{(k-1)!}$$

$k' = k-1$ とおくと

$$E = Ge^{-G}\sum_{k'=0}^{\infty}\frac{G^{k'}}{k'!}$$

ところで，$f(x) = e^x$ をマクローリン展開すると

$$f(x) = \sum_{n=0}^{\infty}\frac{x^n}{n!}$$

となることから

$$E = Ge^{-G}\sum_{k'=0}^{\infty}\frac{G^{k'}}{k'!}$$

$$= Ge^{-G}e^G = G$$

【7.3】

$$S(G) = Ge^{-2G}$$

より

$$\frac{dS(G)}{dG} = e^{-2G} - 2Ge^{-2G} = (1-2G)e^{-2G} = 0$$

となるのは

$$G = \frac{1}{2}$$

のときである。このとき

$$S\left(\frac{1}{2}\right) = \frac{1}{2e}$$

となる。

以上より，G の最小値は 0 であることに注意して，$S(G)$ の増減表を求めると**解表7.1**になる。

解表7.1　ピュア・アロハ方式のスループット $S(G)$ の増減表

G	0		$\frac{1}{2}$	
$\dfrac{dS(G)}{dG}$		$+$	0	$-$
$S(G)$	0	↗	$\frac{1}{2e}$	↘

（1）　$G = \dfrac{1}{2}$

（2）　$S\left(\dfrac{1}{2}\right) = \dfrac{1}{2e}$

8章

【8.1】

（1）

$$P(\gamma_0) = \frac{1}{2}\left(1 - \frac{1}{\sqrt{1 + \dfrac{1}{\gamma_0}}}\right) = \frac{1}{2} - \frac{1}{2}\left(1 + \frac{1}{\gamma_0}\right)^{-\frac{1}{2}}$$

ここで，$(1+x)^{-\frac{1}{2}}$ をマクローリン展開すると，次式のようになる。

$$(1+x)^{-\frac{1}{2}} = \sum_{n=0}^{+\infty} \frac{f^{(n)}(0)}{n!}x^n = 1 - \frac{1}{2}x + \frac{3}{8}x^2 - \cdots$$

$x = \dfrac{1}{\gamma_0}$ が十分小さいとし，x の項まででで近似すると

$$P(\gamma_0) \cong \frac{1}{2} - \left\{1 + \left(-\frac{1}{2}\right)\frac{1}{\gamma_0}\right\} = \frac{1}{4\gamma_0}$$

（2）　$\gamma_0 = 20\,\mathrm{dB}$ のとき，真値で表すと，$\gamma_0 = 100$ であるから

$$P(\gamma_{0=100}) \cong \frac{1}{4 \cdot 100} = 2.5 \times 10^{-3}$$

同様に，$\gamma_0 = 30\,\text{dB}$ のとき，真値で表すと，$\gamma_0 = 1\,000$ であるから

$$P(\gamma_{0=1\,000}) \cong \frac{1}{4 \cdot 1\,000} = 2.5 \times 10^{-4}$$

【8.2】
（1）

$$P(\gamma_0) = \frac{1}{2} - \frac{1}{\sqrt{1 + \dfrac{1}{\gamma_0}}} + \frac{1}{2\sqrt{1 + \dfrac{2}{\gamma_0}}} = \frac{1}{2} - \left(1 + \frac{1}{\gamma_0}\right)^{-\frac{1}{2}} + \frac{1}{2}\left(1 + \frac{2}{\gamma_0}\right)^{-\frac{1}{2}}$$

ここで，【8.1】（1）と同様に，$(1+x)^{-\frac{1}{2}}$ をマクローリン展開し，$x = \dfrac{1}{\gamma_0}$ が十分小さいとし，x^2 の項までで近似すると

$$P(\gamma_0) \cong \frac{1}{2} - \left\{1 + \left(-\frac{1}{2}\right)\frac{1}{\gamma_0} + \frac{3}{8}\left(\frac{1}{\gamma_0}\right)^2\right\} + \frac{1}{2}\left\{1 + \left(-\frac{1}{2}\right)\frac{2}{\gamma_0} + \frac{3}{8}\left(\frac{2}{\gamma_0}\right)^2\right\} = \frac{3}{8\gamma_0^2}$$

（2）　$\gamma_0 = 20\,\text{dB}$ のとき，真値で表すと，$\gamma_0 = 100$ であるから

$$P(\gamma_{0=100}) \cong \frac{3}{8 \cdot 100^2} = 3.75 \times 10^{-5}$$

同様に，$\gamma_0 = 30\,\text{dB}$ のとき，真値で表すと，$\gamma_0 = 1\,000$ であるから

$$P(\gamma_{0=1\,000}) \cong \frac{3}{8 \cdot 1\,000^2} = 3.75 \times 10^{-7}$$

【8.3】
式（8.38）より

$$T = 2\pi\sqrt{\frac{r^3}{GM}} = 2\pi\sqrt{\frac{\{(6\,371 + 730) \times 10^3\}^3}{6.673 \times 10^{-11} \times 5.974 \times 10^{24}}} \cong 5\,955\,\text{s}$$

9 章
【9.1】
ATM の台数を S とする。

$$u = 60\,\text{erl/h}$$
$$h = \frac{5}{60}\,\text{h}$$

より

$$a = \frac{60 \cdot 5}{60} = 5\,\text{erl}$$

を式（9.32）に代入すると

$S = 8$ のとき，$W = 0.167\cdots$
$S = 9$ のとき，$W = 0.080\,5\cdots$

以上より，9 台の ATM を設置すればよい。

【9.2】
（1）　$u = 40\,\text{erl/h}$

$$h = \frac{15}{60} \, \text{h}$$

より

$$a = \frac{40 \cdot 15}{60} = 10 \, \text{erl}$$

と

$$S = 12$$

を式 (9.20) に代入すると

$$P_{12} = \frac{\dfrac{10^{12}}{12!}}{1 + 10 + \dfrac{10^2}{2!} + \dfrac{10^3}{3!} + \cdots + \dfrac{10^{12}}{12!}} = 0.119\,739 \cong 0.12$$

（2）　式 (9.39) より

$$P_{S+m} = \frac{\dfrac{a^S}{S!}\left(\dfrac{a}{S}\right)^m}{\displaystyle\sum_{r=0}^{S-1} \dfrac{a^r}{r!} + \dfrac{a^S}{S!}\dfrac{S}{S-a}\left\{1 - \left(\dfrac{a}{S}\right)^{m+1}\right\}}$$

ここで

$$a = 10 \, \text{erl}$$

と

$$S = 12$$

を代入して，計算すると

$$P_{12+3} = 0.055\,336\cdots$$

$$P_{12+4} = 0.044\,081\cdots$$

したがって，$m = 4$ となる。

索　　引

—— 著 者 略 歴 ——

1986 年　東北大学理学部物理学科卒業
1988 年　東北大学大学院理学研究科博士前期課程修了（物理学専攻）
1988 年　日本電信電話株式会社勤務
2001 年　博士（工学）（東北大学）
2001 年　東北大学大学院助教授
2007 年　東北大学大学院准教授
2009 年　東北工業大学教授
　　　　　現在に至る

ディジタル通信システム工学講義ノート
Notebook of Digital Communication Systems Engineering　　　　Ⓒ Eisuke Kudoh 2023

2023 年 4 月 25 日　初版第 1 刷発行　　　　　　　　　　　　　　　　　★

検印省略	著　者	工　藤　栄　亮
	発 行 者	株式会社　コ ロ ナ 社
		代 表 者　牛 来 真 也
	印 刷 所	新 日 本 印 刷 株 式 会 社
	製 本 所	有限会社　愛 千 製 本 所

112-0011　東京都文京区千石 4-46-10
発 行 所　株式会社　コ ロ ナ 社
CORONA PUBLISHING CO., LTD.
Tokyo Japan
振替00140-8-14844・電話(03)3941-3131(代)
ホームページ　https://www.coronasha.co.jp

ISBN 978-4-339-02935-2　C3055　Printed in Japan　　　　　　　（西村）

電子情報通信レクチャーシリーズ

■電子情報通信学会編　　（各巻B5判，欠番は品切または未発行です）

白ヌキ数字は配本順を表します。

定価は本体価格+税です。

定価は変更されることがありますのでご了承下さい。

図書目録進呈◆